览历代大匠功绩·探传统匠艺匠德

山西古建筑民间营造探秘

杜德贵　主编

中国建材工业出版社

图书在版编目（CIP）数据

山西古建筑民间营造探秘 / 杜德贵主编. -- 北京：中国建材工业出版社，2020.9
ISBN 978-7-5160-2941-1

Ⅰ. ①山… Ⅱ. ①杜… Ⅲ. ①民居－建筑艺术－研究－山西 Ⅳ. ① TU241.5
中国版本图书馆 CIP 数据核字（2020）第 101266 号

内容提要

中国古建筑以木结构为主要受力体系。山西的古建筑在梁架、斗拱、装修等木构技术方面，与我国其他地区相比，又是最突出的。本书是作者多年的实践成果汇总，技术含量高，并且很有特色。本书展示了藏在山西民间建筑中快要失传了的营造技艺，再现了山西的工匠是怎样灵活巧妙地处理技术问题的。

本书适合从事古建筑营造的专业人士参考借鉴，也适合对山西古建感兴趣的读者阅读。

山西古建筑民间营造探秘
Shanxi Gujianzhu Minjian Yingzao Tanmi
杜德贵　主编

出版发行：中国建材工业出版社
地　　址：北京市海淀区三里河路 1 号
邮政编码：100044
经　　销：全国各地新华书店
印　　刷：北京中科印刷有限公司
开　　本：787mm×1092mm　1/16
印　　张：15
字　　数：240 千字
版　　次：2020 年 9 月第 1 版
印　　次：2020 年 9 月第 1 次
定　　价：88.00 元

本社网址：www.jccbs.com，微信公众号：zgjcgycbs

本书编委会

“匠圣”鲁班：古代建筑业祖师爷

“古建筑匠人手工工具及设施机械发明师”

“土木工程业鼻祖”“机械制造圣人”

“古代兵器发明家”“科技发明之父”

鲁班的传说

鲁班（公元前 507 年—公元前 444 年），春秋时期鲁国人，姬姓，公输氏，名班，人称公输般、公输盘。

鲁班由于爱钻研、爱学习，勤奋创作，一生业绩与成就丰厚。

传说鲁班有五个出色徒弟：大徒弟，石匠（台明、台阶、台座、石桥、石亭、石栏、石雕等）；二徒弟，泥瓦匠（砌筑基础、墙体、墙面装饰、墙头出檐等细部、屋顶灰泥背、屋面铺瓦调脊、室内抹灰铺地、庭院铺墁等）；三徒弟，木匠（建筑布局安排、建筑形式体量掌控、建筑构架思考、材料材质选拔、构件尺度确定、结点卯榫设置、大木操作主持、小木作部分归装修、装置、装饰、一般在工程后期安排实测实施）；四徒弟，麻绳匠（古时候工程施工搭架等离不开绳子）；五徒弟，油画匠（油漆、彩绘、地仗、糊表等工作）。

传统意义上讲，大木作匠师主持工程运作（因大木操作主控着每个建筑的平面布局、立体空间、体量尺度、风格形式等），工地上的石匠、泥瓦匠等师傅们也普遍受到尊重，会尽心尽力地配合完成各项工作。

序　言

有首歌叫“人说山西好风光”，说那里“地肥水美五谷香，左手一指太行山，右手一指是吕梁，你看那汾河的水呀，哗啦啦啦流过我的小村旁”，赞美的是山西的山川河流。要叫我说，其实山西最能傲视全国的风光是那里的文物古迹。二十世纪八十年代曾有人做过这样一个统计：国家级的文物保护单位，明清以前的，70%以上都在山西；唐代以前的，90%以上都在山西。因此有人调侃说：“没去过山西，别说自己是搞古建的。”你看，山西的文物古迹够厉害吧。

我们经常把“官式建筑”与“地方建筑”区别看待。认为官式建筑更讲究，更能代表中国建筑。那什么是官式建筑呢？好像符合或近似于朝廷颁行的建筑规范所规定的就是官式建筑，按现在的一般说法，与清工部《工程做法则例》的规定相符或相似的就是官式建筑。所以山西古建筑属于地方建筑。但要是以北宋时颁行的《营造法式》为标准，那山西的许多古建筑就是宋代的官式建筑。你看，山西的古建筑够厉害吧。

如果想看早期建筑，你要去山西。如果想真正了解宋元风格的建筑，你也要去山西。如果你想只去一个省，就能从现存最早的建筑一直看到清代的建筑，你更是只能去山西。你看，山西的古建筑有多厉害。

中国建筑以木结构为主要受力体系，与其他国家的古建筑相比，也是在木结构方面表现得最成熟。而山西的古建筑在梁架、斗拱、装修等木构技术方面，与我国其他地区相比，又是最突出的。这本《山西古建筑民间营造探秘》要讲的就是山西古建筑木作行当的事儿。

官式建筑与地方建筑不同，地方建筑与民间建筑也不同。即使在官式建筑核心地区的周边地带，也有许多的民间建筑，或者是掺杂了民间做法的官式建筑。无论是官式建筑、地方建筑还是民间建筑，其实盖房子的人都是来自民间，或者说手艺都是源自民间。民间建筑有一个特点，就是什么料都能用，不直的料、不够粗的料、不够长的料，照样能用。缺这少那的，照样能把房子盖起来。不是说“巧妇难为无米之炊”吗？民间建筑常常就“能为少米之炊”。如果以工匠对手艺的评判标准来说，这样的手艺更高明，更不好学。

常听到“现在的人不懂古建规矩，古建技术濒于失传”这样的说法。要我说就数现在盖的古建筑规矩。因为有那么多的书可以参考，动不动就是“则例”怎么规定，“法式”怎么规定，哪本书是怎么说的，其结果就是比过去更标准化了。这样造出的古建筑能不规矩吗？但有一点，要说快失传了，倒是民间的建筑做法、民间的技艺快失传了。因为民间建筑一直没登“大雅”之堂，历代一直少有总结。近些年来，总结古建技术的成果很多，出版了各种书籍，但民间的营造技术还一直藏在民间。随着古建筑的越来越“规矩”，不“规矩”的民间建筑做法也就会越来越快地消失。这本《山西古建筑民间营造探秘》的宝贵之处也在于此，因为它要揭示的正是藏在山西民间建筑中快要失传了的营造技艺。

古建筑的许多技术做法都源于山西，例如琉璃剪边的屋面做法，只用底瓦垄不用盖瓦垄的干槎瓦做法，平屋面的焦渣背做法，檐柱不落地的垂莲柱做法及其经典垂花门等，都是山西的古代工匠创造出来的。山西工匠心灵手巧，特别善于发明创造。山西的能工巧匠特别多，灵活处理技术问题的能力特别强。《山西古建筑民间营造探秘》要告诉我们的就是山西的工匠是怎样灵活巧妙地处理技术问题的。

杜德贵先生对古建筑一生虔诚，心怀敬畏。他清心寡欲，心思永远只用在技术问题上。他的文化水平不高，但他用多年的实践写成的这本《山西古建筑民间营造探秘》的技术含量却不低，并且很有特色，真的值得一读。

历史留住了许多古建筑，却没能留住建造者的名字。透过这本书记述的营造业的人和事，仿佛可以看到他们依稀的身影，仿佛可以听到师傅们的教诲。我愿借此机会，向历史上那些创造了辉煌，却不知姓名的师傅们，表达内心深深的敬意。愿他们留在各地民间建筑中的技艺和文化，都能被挖掘整理出来，传承下去。

2020 年 6 月

前　言

2017年以后，中华优秀传统文化回归热潮出现了更为广泛、更加浓烈的发展势头。中共中央办公厅、国务院办公厅颁布了《关于实施中华优秀传统文化传承发展工程的意见》，对如何实施中华优秀传统文化传承发展工程提出了具体要求。

中国古建筑工匠文化是中华优秀传统文化中的重要组成部分。笔者整理完善民间传统营造匠艺资料的愿望十分迫切，核心目标是与古建筑同行以及广大古建筑爱好者一同推动工匠精神的传承，并思考如何能够更好地传承民间古建筑匠艺中的一些传统匠艺技术与匠艺精神。

众所周知，在古建筑营造过程中，匠艺技术的手工操作量大，匠艺技术的熟练程度直接影响着工程质量与建筑寿命，这也是较难解决的焦点问题。由此，总结、恢复、倡导、发扬、崇尚工匠精神已成为当前的社会共识。

关于古建筑行业传统匠艺精神主要还是得从民间古建筑匠师们身上去寻找、去收集、去体味、去感悟，从原有的书本中确实很难找得到。由于很多历史原因，我国历来“重文轻工”“重士轻匠”，过去读书人本来就是少数，匠人中读过书的就更是稀奇少见。因此，关于匠艺技术、匠行匠德的书也就很少，关于匠艺人员、匠行口传文化、匠艺精神的书就更是难得一见了。

现如今，各类学习教育已经普及，但古建筑行业优秀匠师却面临失传断代，古建筑工程施工管理行业仍以学历文凭取人才，忽视对匠人师傅的保护、培育、发展，导致经常出现这样一种局面：有操作技能手艺的师傅，能识图读图、可以完善设计、现场放大样、熟悉操作技术施工安排的工人不被重视，这样的管理模式无形中制约了工匠的积极性与上进心，导致工匠行业后继无人。

产生这种局面也受到一些施工方式和社会风气的影响，比如古建筑工程施工运作由过去的匠师主导中心转变为承包人主导中心，经济承包人主导着古建筑工程的施工运作。同样是在建筑工地，手艺操作技能还是远不如学历文凭，技艺熟练、诀窍精通的师傅越来越少，会而不能、能而不精的人失去了锻炼提高继续学习钻研的信心，工匠失去了追求学习锻炼再提高的发展升级空间，新一代年轻人自然也就无意入行当工匠了。

古建筑工程匠艺技术的传承发展形势不容乐观。当前，虽然机械化、工业化、现代化带来了高效的生产力，但古建筑工程施工领域还是不能完全利用机械化生产，仍有一部分手工操作且工艺含量很高的工序需要依赖匠人匠术。当前，社会上还有为数不多的高龄且优秀的古建筑匠人师傅，以及具有丰富施工操作经验和主持设计能力的成熟匠师，希望能受到政府与相关部门的认同与关爱，允许并认可他们带徒弟、培育年轻匠人。古建筑匠艺技术和匠艺精神的传承、发挥、发展迫切需要社会各界同仁及贤达人士们多方面的关注、认可与支持。

近年来，日本等国家已经出现白领的工资不如蓝领高，本科毕业生重新拜师学艺的情况。而我国古建筑行业操作技能工匠正面临断代，新一代工匠的培养与补充势在必然，为有志从事工匠的人士提供精神与技术食粮是吾辈匠人义不容辞的责任。老师傅经常讲："动手来实践，才能真领会。听上十遍，不如自己亲手做上一遍。"民间传统营造匠人师傅的匠艺技能是长期专注研究、动手操作熟练而成的，知，不等于会；会，也未必能达到精，匠艺需要经年累月的沉淀。可以说，匠人的专业手工艺技能是别人抢不走的财富，也是藏于民间的民族财富。

想要了解匠人匠德的延续传承，就要探寻民间传统营造匠行口传文化，了解挖掘民间营造匠师的生平事迹与故事典故。民间营造传统匠艺技术和匠人匠德精神的传承发展，离不开传统匠行文化的相伴与指引，亦如早年间的老师傅所言："匠艺以匠德为根，匠德是匠师之魂。"传统民间营造匠行文化多为师徒代代口传，恢复传承和进一步发展工匠精神，就必须了解传统、认识过去。

40 余年来，笔者始终行走在古建筑施工管理一线，将毕生所学所听所想汇集成册，意在为古建筑行业广大从业人士和社会爱好人士进一步了解民间传统营造匠行口传文化，为古建筑工匠后继有人尽一份绵薄之力。本书定名为《山西古建筑民间营造探秘》，主要解析民间传统匠艺技术，对于"宋法式、清则例"等官式技术内容不再赘述。本书收集整理了当地民间传统营造匠艺方面的行业传统习俗与口传匠德文化，以及传统匠人操作技艺、常用工具与木材识别、存留建筑概览了解、地方传统建筑匠艺特色及其成因剖析，包括匠人老师傅们的一些匠德理念、传统思维、师传口诀、习俗歌谣及早年间的旧宅院旧寺庙结构方式等，着重推荐了部分不常用也不常见的檐柱头、金柱头、内梁头、瓜柱与各相交构件等部位结点的民间传统匠艺做法，还有一些即将被遗弃、面临失传的民间传统古建筑构架局部结构等民间匠艺技术。这些传统民间匠艺技术内容有良好的结构效果，对增强构件稳定性和承载力有明显作用，可以用于节约材料降低成本，也可以用于增强建筑质量、延长建筑寿命，抑或双向受益。

本书第一章是山西古建筑图片概览。第二章介绍部分山西古建筑选例。第三章介绍地方民间匠艺要点选例。第四章概述民间匠艺做法，本章内容是笔者回忆自20世纪60年代后期拜师学艺以来，跟随师傅、师兄们所见所学的一些古建筑结构方式、结点构造、卯榫结构等。当时家乡传统老宅院、旧寺庙还不少，正赶上大量的拆除改造，在拆卸大木旧构件时，笔者接触和喜欢上了古建筑结构匠艺，也认识和了解了较多种类的构架方式与结点卯榫结合方式。如今，笔者又赶上了传统文化振兴、工匠精神复苏的好时代，在备感兴奋之余，更觉得自己有责任把这些民间匠人们的宝贵财富整理成册传承下去。

通过收集、回忆、整理、绘图，把一些民间传统古建筑结构方式、结点构造、卯榫结构等编入书中与同仁交流学习，虽说图文显“丑”，但本心是想为民间传统匠艺技术之传承留一些参考资料。山西民间古建筑匠艺技术与行业习俗、古建筑匠人精神有着极为动人的典故和深厚的匠艺传承价值。文中选例介绍几位优秀前辈老师傅讲述的各自经历要点事例，从他们的言语和故事中体现展示了令人敬佩的传统民间古建筑匠人精神。文中也选录了部分优秀老前辈师傅们讲述的古建行业传统习俗、规矩及技艺诀窍，并作了简要描述，虽算不上精华要点，但也希望能引发读者的更多思考。

笔者早年在常家庄园修复过程中曾成功地主持实施过“起梁换柱”，通过这种方法修复了屋顶塌陷、檐口不平的多年老宅，明显节约了维修成本，修复效果也很好。其中有部分结构及结点做法有着很重要的传承学习研究价值，需要继承推广弘扬。

本书第五章介绍传统歌谣、歌诀与匠人成长，在知识性、适用性、趣味性、传承价值等方面都值得阅读与收藏。第六章介绍早年老师傅讲述的几例传统建筑行业典故，以及口传、俗语、口诀、谚语收集，这些口传俗语、口诀、谚语虽无诗文、对联之雅趣，却也饱含了传统匠人匠艺传承中的匠德内容，是重要的匠行口传文化。匠技匠艺的传承发展离不开匠行口传匠德文化的相伴与指引，这对于了解传统匠人观念，汲取传统优良精神而言是很好的文化食粮。第七章针对传统木作常用工具作了简要图文介绍，方便新进入古建筑行业的青年学者锻炼动手能力，了解常用工具。第八章介绍古建筑工程常用木材。在传统古建筑大木作、小木作、操作过程中，识别和了解木材特性用途是古建筑大、小木作匠师必须具备的常规性基础知识。这一章节的传统匠师木材识别方法简明易懂，对比好学，亦很大程度上增强了本书的实用性与适用范围。

本书主旨是收集整理传播民间古建筑传统匠艺领域的构架方案技术、结构处理技能与应用操作技巧，以及民间匠人精神、匠师理念与传统古建筑工匠行业习俗，也重点述说了几例市面书籍资料较少提到的当地民间因材制宜之匠艺技术与传统古建行业内匠师口传文化。

本书为古建筑工程设计人员提供了极好的深化设计辅助资料，为施工操作提供了卯榫结构要点和关键问题处理依据，为质量检查管理提供了既有宏观思路又有具体重要关键点所在的部分传统匠艺参考资料，从技术角度为节约成本、利用手头现有材料提供部分可参考的方式方法，尤其是书中一些构架方式、构件结点设置方式、结点卯榫结合方式对增强建筑质量、提高建筑寿命有着良好的传统营造匠师匠艺优势，也具备学习、传承、研究、推广的价值。

本书得以成稿，首先要感谢张智启先生的热情鼓励与大力支持。原稿书名较为不妥，经刘大可老师提议《山西民间营造探秘》，又经出版社考虑终归确定为《山西古建筑民间营造探秘》，在此十分感谢刘老师的倾心选荐。书中部分精彩照片和原手稿图改画为电子版，得益于相炳哲老师，十分感谢相老师的费心相助。

由于笔者水平有限，只能在大木作方面浅尝辄止地整理出这些资料，在文字描述方面或有不妥之处，真诚地欢迎各位同行师傅们提出宝贵的指导意见。

编　者

2019 年 11 月

目录

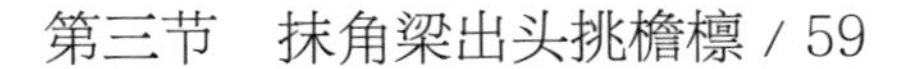

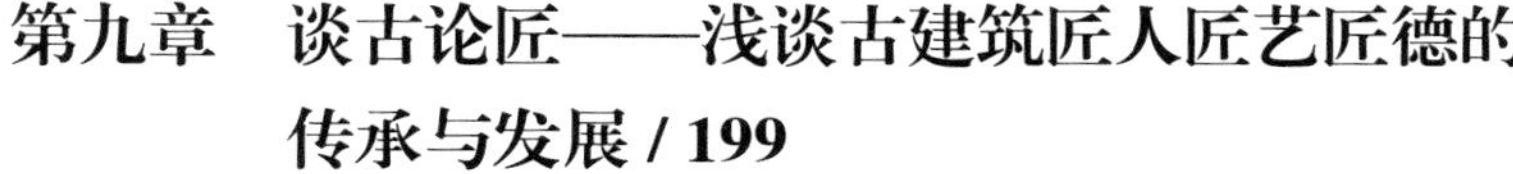

第一章 山西古建筑图片概览

第一节　寺庙类

图 1.1.1　乌金山龙王庙大殿

图 1.1.2　大同文庙

图 1.1.3　大同上华严寺

图 1.1.4　榆次文庙

图 1.1.5　五台山南禅寺

图 1.1.6　晋中市榆次乌金山国家森林公园中水晶院

图 1.1.7　榆次文庙

图 1.1.8　大同文庙大成门

图 1.1.9　大同文庙

图 1.1.10　大同法华寺

图 1.1.11　原平文庙

图 1.1.12　清徐尧城村尧庙大殿

图 1.1.13　山西太谷阳邑净信寺前院　图 1.1.14　清徐尧庙碑座　图 1.1.15　榆次城隍庙山门

图 1.1.16　山西太谷县阳邑镇净信寺后院

图 1.1.17　山西太谷县阳邑镇净信寺院外

图 1.1.18　山西晋中乌金山龙王庙

图 1.1.19　大同法华寺

图 1.1.20　山西榆次城隍庙

图 1.1.21　五台山某寺内景

图 1.1.22　山西五台山尊胜寺

图 1.1.23　山西五台山某寺侧院

图 1.1.24　山西五台山某寺一角

图 1.1.25　山西介休后土庙大殿

介休城后土庙大殿，道教称太宁宫。始建于南北朝之前，元代大德七年（1303 年）毁损于大地震，延祐五年（1318 年）选匠重建。现存为明代正德十六年（1521 年）扩建后的格局。大殿面宽五间，进深三间，重檐歇山顶形式，又将东西两侧各三间悬山带廊的真武殿、三官祠与之并列构造，外观像是主次陈列的十一开间整体大殿，蔚为壮观。殿顶满铺黄色琉璃瓦脊饰，金碧辉煌。正脊造型前面是双凤戏牡丹，背面是双龙戏珠，构架组合方式之匠艺技巧与屋顶脊饰档次内容均为国内罕见。

庙宇寺观众多是我国过去社会的一个重要特色，记得小时候仅几百人的村里就有六七座庙……

2011 年到晋东南高平市大周村考察相关古建筑时，村里老乡说："大周村在清代最兴盛时有两千多人口，仅大小寺庙多达 60 余座，在当地十分出名。"

在山西仅文庙方面原有府、州、县、乡各级学校文庙 109 座，据有关资料报道现在大约 35 座文庙还有遗存，太原府学文庙、大同府学文庙、绛州州学文庙、平遥县学文庙、绛县县学文庙、汾城太平县学文庙、阳城县学文庙、文喜县学文庙、崞阳县学文庙、祁县县学文庙、太谷县学文庙、静乐县学文庙、浮山县学文庙、介休县学文庙等 17 座文庙保存完整或基本上完整。

图 1.1.26　侧望介休后土庙屋顶

浑源县学文庙、榆次县学文庙、潞城县学文庙等修复完整或基本上修复完整，此外保存的平遥县金庄孔子庙、潞城县李庄孔子庙、灵石县静升孔子庙和陵川县南召孔子庙等 4 座非礼制孔子庙也修复完整或基本完整。

近年来还重建或正在建设中的有汾州府文庙和原平市王家庄乡孔圣庙。

山西保存的文庙较多，建筑年代久远，保存状况也比较好，平遥文庙、襄垣文庙、清源文庙、万泉文庙、代州文庙、金庄孔子庙和辽州文庙都被列入全国重点文物保护单位。

第二节　楼阁类

图 1.2.1　太原汾河公园

图 1.2.2　平遥市楼

图 1.2.3 山西寿阳朝阳阁（2004 年复建）

图 1.2.4 大同藏经楼

图 1.2.5 榆次老城思凤楼、市楼

图 1.2.6 榆次老城凤鸣书院藏书楼

图 1.2.7 榆次老城清虚阁

图 1.3.19　晋中民居宅院

图 1.3.20　晋中民宅门楼

图 1.3.21　晋中民居院内

图 1.3.22　晋东南 沁县民居 湘峪古城（远望湘峪村）城墙内为民居宅院

图 1.3.23　山西 晋中市 榆次 后沟古村 一组居民宅院门楼

图 1.3.24　山西　晋中市　榆次　后沟古村　院落一组

后沟古村位于晋中市榆次区东赵乡，是典型的黄土旱塬古村落，这里的特点用一个字形容，就是“全”。几百年前的一个村子，该有的东西现在都有，比如建筑形式、生产方式、生活方式、民间文化等都还保留着。后沟古村有 1200 年的历史。

后沟民居建筑为典型的黄土高原土穴窑居，其特点是依涯就势、随形生变、层窑叠院、参差别致。遥相呼应的石窑、土窑、砖窑、明券窑、土挖窑、独体窑、里外窑等，形成了后沟古村浑然天成的独特风景。

图 1.3.25　晋中市　榆次区　东阳镇　常家庄园　宅院内部

后沟古村神庙系统相当完善，方圆不足一平方公里的村落共建庙 13 座，观音庙、真武庙、关帝庙、文昌阁、魁星楼、河神庙、山神庙等，依位而建，将佛、道、儒各教综合并存，这一现象在国内较为少见。

后沟古村完整的排水系统、等级分明的窑居建筑格局、威严的张家祠堂、精致的古戏台、自给自足的生产作坊、防患于未然的仓储制度等充分显示出古代农村传统乡贤治理的优势。

回忆小时候类似这样的宅院还比较多，自己家、亲戚家、邻居家多有类似的宅院，相对破旧损坏不完整的居多……

经过“文革”之后几乎全部拆除消失，旧砖瓦、旧木料等构件被改作他用……

第四节　牌坊类

图 1.4.1　平遥过街牌楼

图 1.4.2　榆次老城西街文庙前过街牌楼

图 1.4.3　平遥城隍庙牌楼

图 1.4.4　大同过街牌楼

图 1.4.5　晋祠对越牌坊

图 1.4.6　介休北辛武琉璃牌坊

图 1.4.7　介休城内土神庙牌楼门

第五节　亭廊类

图 1.5.1　晋中市榆次老城亭廊

图 1.5.2　晋商公园水榭休闲亭

图 1.5.3　晋中市区晋商公园 关帝庙前

图 1.5.4 晋商公园六角亭

图 1.5.5 晋商公园四角亭、廊子

图 1.5.6 晋商公园水岸凉亭

图 1.5.7 晋商公园四角亭

图 1.5.8 太原汾河公园亭廊

图 1.5.9　榆次东贾八角亭

图 1.5.10　晋商公园六角亭

图 1.5.11　榆石亭

亭子是最能发挥和体现匠艺技术的小型古建筑单体，整体造型、结构、构架方式、构件结合方式、构件头尾造型处理均有很大的匠艺发挥空间……

粗看百亭没几样，细看详察各不同，园中亭廊众人赏，美丑自会有评价，观感精美匠艺显，年久挺立匠德存。

传说过去民间成名古建筑匠师造亭时，往往怀有与书法家匾额题字展示书法艺术之同样的心情；他们会总结以往经验，用心反复思考，精心细致地去操作，作为自己人生中的专业作品与业绩成就去对待。

第六节　戏台类

图 1.6.1　山西清徐县大常过街戏台

图 1.6.2　清徐县尧城村尧庙戏台

图 1.6.3　山西平遥戏台（一）

图 1.6.4　山西平遥戏台（二）

图 1.6.5　山西平遥戏台（三）

图 1.6.6　山西太谷县阳邑镇净信寺戏台

图 1.6.7　山西榆次城隍庙戏台

图 1.6.8　大同云岗戏台

图 1.6.9　介休后土庙戏台

图 1.6.10　太谷县朱家堡村戏台

图 1.6.11　山西太谷县阳邑镇净信寺戏台正立面

图 1.6.12　介休城三联戏台

图 1.6.13　山西榆次后沟古村戏台

山西地区过去在乡下的集镇、中心村有戏台是十分普遍的事，部分发达区域几乎村村都有戏台。

据早期一份资料统计，明清时期的戏台在山西保存有 2800 多座，在晋南、晋中、晋东南地区相对较多，元代戏台还有少量保存。

古戏台之多反映了当时山西地区的经济发达与文化繁荣，也反映出了当时山西一带的民间古建筑匠艺技术的成熟度与普及状况。

年久留存、美观端庄、结构精良的古戏台还可以比较完整地反映出当时山西一带民间古建筑匠师的匠艺技术水平，也自然体现出该行业当地传承文化——古建筑匠艺行业的传统习俗口传文化。一支古建筑匠人团队，没有浓浓的匠德文化包涵伴随其中，是不可能有精良的匠艺作品留存后世的。

第七节　署衙、书院类

图 1.7.1　平遥县衙

图 1.7.2　霍州署衙

图 1.7.3　榆次县衙

图 1.7.4　山西督军府旧址

图 1.7.5　晋祠晋溪书院

图 1.7.6　榆次凤鸣书院

图 1.7.7　榆次凤鸣书院一角

图 1.7.8　榆次凤鸣书院藏书楼

图 1.7.9　凤鸣书院四达楼

图 1.7.10　凤鸣书院讲堂

图 1.7.11　凤鸣书院院景

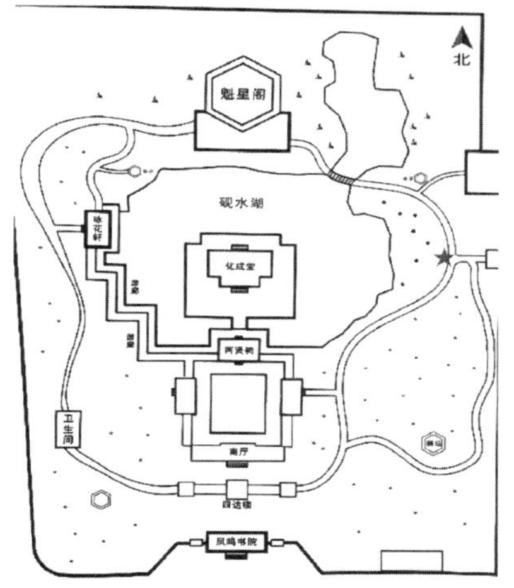

图 1.7.12　凤鸣书院平面示意图

图 1.7.13　凤鸣书院内院门

图 1.7.14　凤鸣书院大门

第八节　城楼、商铺类

图 1.8.1　夜晚景色下的榆次老城西门城楼

图 1.8.2　山西大同城楼一角

图 1.8.3　在马路上看山西大同北门城楼

图 1.8.4　在城墙上看山西大同城楼（一）

图 1.8.5　在城墙上看山西大同城楼（二）

图 1.8.6　在城墙上看山西大同城楼（三）

图 1.8.7　榆次老城临街商铺（一）

图 1.8.8　榆次老城临街商铺（二）

图 1.8.9　老县城临街商铺（一）

图 1.8.10　老县城临街商铺（二）

图 1.8.11　老县城临街商铺（三）

图 1.8.12　老县城临街商铺（四）

图 1.8.13　老县城临街商铺（五）

图 1.8.14　老县城临街商铺（六）

图 1.8.15　老县城临街商铺（七）

图 1.8.16　老县城临街商铺（八）

图 1.8.17　老县城临街商铺（九）

图 1.8.18　县城临街商铺（一）

图 1.8.19　县城临街商铺（二）

图 1.8.20　县城临街商铺（三）

图 1.8.21　县城临街商铺（四）

图 1.8.22　县城临街商铺（五）

图 1.8.23　村・镇・驿站临街门

图 1.8.24　村・镇・驿站临街（关圣堂）

图 1.8.25　村・镇・驿站临街商铺（一）

图 1.8.26　村・镇・驿站临街商铺（二）

图 1.8.27　村・镇・驿站临街商铺（三）

图 1.8.28　村・镇・驿站临街商铺（四）

图 1.8.29　村・镇・驿站临街商铺（五）

图 1.8.30　村・镇・驿站临街商铺（六）

图 1.8.31　村・镇・驿站临街商铺（七）

第二章　山西留存古建筑选例

山西省素有“中国古代建筑艺术宝库”的美誉。山西的古建筑以“时代早，价值高，数量多，品类全”享誉于世，具有很高的文物价值、历史价值和匠艺体现、保存、传承价值。

据20世纪80年代山西省文物普查以及《中国文物地图集·山西分册》记录，晋地范围现有元代以前木结构古建筑399座，其中元代的262座，辽代的3座，金代的65座，宋代留存的62座，五代时期留下的3座，还有唐代留下的4座，占全国同时期留存至现在总数的70%以上，全国仅有的4座唐代遗存古建筑均在晋地[①]。

山西也是中国现存古建筑中最多的省份，现存古建筑总数量达到18000处之多，包括宗教建筑、祠祀坛庙、佛刹古塔、石窟艺术、宫殿衙署、城池楼阁、商铺民居、富户宅院、村镇戏台、街坊牌楼。这是后来文物部门的统计数字，没有包括之前毁坏于各种战乱与动乱的以及留藏于民间未报的建筑。记得年少时听老人讲述的自己村里的富户大院情况比现在旅游名点乔家大院规模都大，六七百人的村庄就有十几套深宅大院和八座传统寺庙，可惜均毁坏于各种战乱动乱及文革。

这些古建筑在三晋大地上星罗棋布，它们展示了山西古代匠艺技术的发展与成就，同时也促成和养育了众多的山西历代古建筑匠艺人才。

据资料显示，截至2001年年底，在已经公布的五批全国重点文物保护单位中山西有119处，数量居全国之首。省级文物保护单位达到577处，各级文物保护单位达到6781处，均位居全国之首。

如此众多的建筑文物与民间古建筑成为镶嵌在三晋大地的古建筑艺术珠宝。

在众多遗存古建筑中也有不少是晚清与民国初期重建和修缮完成的，这也说明在晚清民初时期山西人的民俗情怀，无论是经济投入还是对传统古建筑的认可及喜爱依然浓烈。其中也自然包含了古建筑匠艺师傅们的才能技艺展示，也自然会培育、锻炼、促成更多的古建筑匠艺人才。

20世纪早期，一家报刊记者去著名的“中国建筑之乡”河南林县（现林州市）采访建筑人相关传承时，先后询问当地近百位较为成名的建筑人是祖传还

① 近年来还有另一个说法，全国仅存的六座唐代建筑，五座在山西。含河北正定开元寺钟楼，山西长子布村玉皇庙前殿。

是师传，多位很受众人敬仰的老师傅都说：“我们师傅的师傅其实是山西人。”

在漫长的历史文化交流发展过程中，晋派建筑文化不仅扎根于山西，事实上周边地区临近省份也受其影响，留存实物体现十分明显。

建筑是凝固无声的文化，经过漫长历史的互相传播、交流学习、认可继承，晋派建筑风格很大程度上也包含着河北、河南靠近山西部分县市、内蒙古中西部、陕西中北部、宁夏、甘肃、青海等部分地区建筑的风格，可谓一脉相承。

第一节　几座代表性古建筑简介

一、五台山南禅寺

南禅寺（图 1.1.5）位于五台县阳白乡李村小银河边，寺院坐北向南，创建年代不详，重建于唐德宗建中三年（782 年）。它是所知存留到今，最早的较为完整的木构遗物。寺内大殿西缝平梁下，保存有唐人墨书题字：“因旧名旹（时）大唐建中三年岁次壬戌月居戊申丙寅朔庚午日癸未时重修殿法显等谨志”，是寺宇殿堂重建年代之证，较佛光寺东大殿早 75 年。殿内佛像与殿宇同时建造，是中国除敦煌外稀有的中唐彩塑。唐武宗会昌五年（845 年）灭法，中国佛寺大都毁坏，而南禅寺由于规模较小，处地偏僻，且州府县志和佛教经籍上均无记载，幸免于难，留存至今。后经宋、元、明、清各代，虽曾有过一些维修和装绘，两厢配殿和山门均经重葺，但唐式大殿的规制结构和殿内唐代塑像的体貌都依旧保存了下来。

南禅寺大殿虽然很小，但人们仍可以从中感受到大唐建筑的艺术性格。舒缓的屋顶，雄大疏朗的斗拱，简洁明朗的构图，体现出一种雍容大度、气度不凡、健康而爽朗的格调；同时，还可以从南禅寺的大殿看到中唐时期木结构梁架已经有用“材”（拱高）作为木构用料标准的现象，说明我国唐代建筑技术已有很高水平。

南禅寺是村落中的一座小寺，全木结构建筑物留存千余年，这也从另外一个角度上充分说明了当时山西民间匠师的建造技术已经具有相当的技术水平，并且较为普及了。

二、应县佛宫寺木塔

释迦塔全称佛宫寺释迦塔，位于山西省朔州市应县城西北佛宫寺内，俗称应县木塔（图 1.2.13）。该塔建于辽清宁二年［宋至和三年（1056 年）］，金明昌六年［南宋庆元元年（1195 年）］增修完毕，是中国现存最高最古的一座木构塔式建筑，现为全国重点文物保护单位，国家 AAAA 级旅游景区。其与意大利比萨斜塔、巴黎埃菲尔铁塔并称为“世界三大奇塔”。2016 年，释迦塔被吉尼斯世界纪录认定为世界最高的木塔。遗存近千年的全木构造建筑实足可以证明当时的工匠技艺水平与匠人们的品德观念素质。

释迦塔塔高 67.31 米，底层直径 30.27 米，呈平面八角形。全塔耗材红松木料 3000 立方米，2600 多吨，纯木构架全卯榫结构。塔内供奉着两颗释迦牟尼佛牙舍利。

如此宏大的全木结构塔楼，接近千年的存在确实让人惊奇，可以想象当时的操作匠师们是何等的技术水平、何种的认真态度，不禁令人敬佩。

三、太原晋祠

晋祠（图 2.1.1）原名为晋王祠，初名唐叔虞祠，是为纪念晋国开国诸侯唐叔虞（后被追封为晋王）及母后邑姜后而建。其位于山西省太原市晋源区晋祠镇，文化遗产价值独特，是中国现存最早的皇家园林，为晋国宗祠。祠内有几十座古建筑，具有中华传统文化特色。每座建筑都包含和展示着山西古代匠人师傅们的建造技能和艺术才华。

晋祠是集中国古代祭祀建筑、园林、雕塑、壁画、碑刻艺术于一体的唯一而珍贵的历文化遗产，也是世界建筑、园林、雕刻艺术中心。其中难老泉亭、侍女像、圣母像被誉为“晋祠三绝”。1961 年 3 月公布晋祠为第一批全国重点文物保护单位，2011 年公布晋祠为第一批国家 AAAA 级旅游景区。

图 2.1.1 太原晋祠

四、浑源悬空寺

悬空寺（图 2.1.2）位于山西省大同市浑源县恒山金龙峡西侧翠屏峰的峭壁间，素有“悬空寺，半天高，三根马尾空中吊”的俚语，以如临深渊的险峻而著称。它建成于 1400 年前北魏后期，是中国为数不多的佛、道、儒三教合一之独特寺庙。

悬空寺原来叫作“玄空阁”，“玄”取自于中国传统宗教道教教理，“空”则来源于佛教的教理，后来改名为“悬空寺”，是因为整座寺院就像悬挂在悬崖之上，在汉语中，“悬”与“玄”同音，因此得名。曾入选《时代周刊》世界十大不稳定建筑。

图 2.1.2 恒山悬空寺

从悬空寺的工程施工难度完全可以感受到当时匠人师傅们的智慧、技能与创造精神，站在对面观望该建筑，不由得很是佩服传统建筑匠师的高超技能和敢创敢干精神。

悬空寺是山西省重点文物保护单位，是恒山十八景中的“第一胜景”。

五、介休祆神楼

祆神楼（图 1.2.11）是一座三重檐歇山顶转顶结构的古代建筑物。位于介休市北关顺城街。它是三结义庙（旧为元神庙）前的乐楼，又是街心点缀的过街楼。明万历年间改建，清康熙、乾隆年间重修，规模不大，另有殿和献亭，均为清建。

楼平面呈“凸”字形，总深度 20 米，突出于廊外的过街楼面宽三间，进深也是三间，街心部分面宽五间，进深四间。周设回廊，下层为庙门，上层为乐楼，中心为神龛，一层外围廊柱局部有移位安排且侧脚明显，相应地增强了抗震稳定性。

楼高二层，约 25 米，腰间设平座、围栏杆，上部覆盖重檐，实为四层。四根通柱直承上层梁架，山门戏台上下叠构，楼顶十字歇山式，檐下四向凸出山花，瓦件脊饰全为琉璃制品，瑰丽壮观。这座高层古建筑物，楼内深度、广度的比例都很协调，因而显出十分雄壮与稳定的外观格局，为我国建筑中的精品，充分体现和展示了山西传统民间古建筑匠师们的建造技术水平与匠艺构思。

六、太谷县朱家堡村戏台

朱家堡村位于县城西北 2.5 公里，所存戏台约为清代晚期建筑（图 1.6.10），戏台坐北朝南，面宽、进深均为三间，明间开阔，次间狭窄，屋顶为十字歇山顶，在明清时戏台中较为少见。台基的八字墙上有砖刻“福”字，前台呈喇叭形，屋檐下施有五攒斗拱，明间施大雀替，次间为骑马雀替。近年维修时虽不是“修旧如旧”，但整体形象依然十分美好。

七、平遥文庙

平遥文庙（图 2.1.3）位于山西省平遥古城东南隅，处在“六秀荐元”之地，坐北朝南，总面积 35811 平方米，庙区占地 8649.6 平方米，保存建筑面积 3472.3 平方米。庙宇规模宏阔，由并立的三个建筑群组合而成。中央为文庙，左为东学，右为西学。文庙前为棂星门，左右竖下马碑，东西为“广大”“高明”二门。棂星门前建照壁，两旁俱有围墙，照壁之南有“云路天衢”坊。云路两旁各有水井一眼，合称“外泮池”。棂星门外之左右，分别有“德配天地”“道贯古今”坊。棂星门内有大成门 5 间，更衣厅在门左，斋宿所在门右，名宦祠 3 间在东，乡贤祠 3 间在西。院中为泮池，池上有拱桥。过大成门，北达大成殿月台。大成殿面阔 5 间，殿前东西庑各 9 间，殿东西之掖门各 3 间。神厨在东庑之南以造祭品，神库在西庑之南以藏祭器。大成殿之后有明伦堂 5 间，堂东贤侯祠 3 间，堂西忠孝祠 3 间。时习斋 7 间在东，日新斋 7 间在西，斋南各有门，分别通往东、西学，名“礼门”“义路”。庙东有崇圣祠 3 间，崇圣祠前有节孝祠 3 间。庙西有省牲所 7 间。1541 年（明嘉靖二十年），在明伦堂后建成敬一亭。1570—1572 年（明隆庆四至六年），在敬一亭后修起尊经阁。文庙总体布局展现了中国元明以后文庙建筑的特有规制。庙中存碑碣 20 余通（方），关于明、清两代的修缮经过，都历历可考。但所有碑碣（以及志书所载）均未言及文庙的始建年代，只确知大成殿重建于 1163 年（金大定三年）。平遥文庙以国内已存文庙中罕见的早期建筑而享誉四海。

图 2.1.3　平遥文庙

平遥文庙的主入口是气势恢宏的棂星门。据《后汉书》记载，棂星就是天田星，古人认为它是天上的文星，主管文人才士的选拔，寓意孔子乃文星下凡。

古代皇帝祭天，先祭棂星。文庙设置棂星门，体现了孔子在中国历代王朝中的崇高地位。棂星门为四柱三间，歇山式，木构牌楼，斗拱分别为九踩、十一踩，屋顶琉璃剪边，柱头施冲天云冠。造型精美，巍峨壮观。

跨入棂星门，是文庙的第一进院落。院中泮池为文庙的象征性建筑。泮池围栏石板精雕各式吉祥图案。有琴、棋、书、画、辈辈封侯、犀牛望月……，扶手上刻桃榴，寓孔子弟子众多，桃李满天下之意。

名宦祠、乡贤祠为此院的东西配殿。名宦祠为古代供奉有突出贡献的官员之场所。乡贤祠为古代供奉对儒学和乡里做出重大贡献的乡绅之场所。现均依古制设置。而此院的斋宿所、更衣厅、神厨、神库都为祭孔时分别供祭祀者更换衣服、斋戒、沐浴以及制作祭品、存放祭品、祭器之所。旧时每年二月和八月的上丁日（入月后所逢第一个丁日）即为祭孔的日期，古称“丁祭”。在祭孔时，整个文庙扎制松坊、悬灯结彩，铺设地毯。大成殿前设丹墀的两个“庭燎”，这是一种红纸包装的秫秸捆，供祭祀中点亮烘托气氛。据清光绪八年《平遥县志》记载：本县向有祭孔礼俗“崇儒重道，圣教覃敷，每当春秋上丁，祭豆告虔，盖其仪文备至，典礼特隆”。旧时的祭孔仪式由当时的军政要员为主祭官，由社会各届知名人士陪祭，整个祭孔仪式大致有上香、奏乐、行礼、献表、读祭、献舞、读经等安排。祭孔者须“必敬、必诚”，祭孔供品须“必丰、必洁”。祭孔时，庭燎熊熊燃烧、香烟缭绕、钟鼓齐鸣、号角齐嗪。

大成门是联系贯通第一、二进院的建筑物，也称“戟门”，是文庙建筑中的重要配置。面宽五楹，进深四椽，单檐歇山顶。大成之意取自孟子评价孔子“孔子之谓集大成”之语。戟门取自古代门外立戟之古礼，为文庙中的礼仪之门，庄严凝重，肃穆大方。

第二进院由主殿大成殿，配殿东庑、西庑，东西掖门、碑厅组成。

主殿大成殿建在一米高的台基上，西阔五间，进深八椽，单檐歇山顶，布瓦覆盖，琉璃脊饰。梁架结构为十架椽，用六柱。内柱之间，以复梁拼成的草栿承重，草栿以上，用四椽栿平梁、叉手，侏儒柱、驼峰等层层支叠。草栿以下设天花板，中央置藻井。斗拱有柱头铺作和转角铺作，而补间铺作以大斜梁代之。殿之当心间的两缝间，仅有中柱两根，采用了减柱手法。在东西次间的两缝位置上，各砌南北向隔墙，殿内北面，砌东西隔墙，与前者联为一体，形成倒凹字平面，殿前月台，青石围栏环绕。

大成殿的平面布局、用柱方法、斗拱梁架结构以及歇山出际的形式，檐下大斜架取代补间铺作的罕见特例，都具有早期木构建筑特征，属宋式建筑体系，深具宋代遗风，也充分体现出山西晋中一带当时民间古建匠师们的匠艺才能。从大成殿脊博墨笔题记“维金大定三年岁次癸未・月一日辛酉重建”可知，殿之重修时间在 1163 年，清代有过保养性维修。

殿内主要奉祀“孔子”“四配”“十哲”，主像为孔子，头戴十二旒冠冕，身着十二章服，手执圭板，面部温和而严厉，神态威而猛，恭而安。从汉武帝开始，孔子受到历代帝王的尊崇，被尊奉为“文宣王”“至圣文宣王”“至圣先师”，从殿内悬挂的匾额“德齐帱载”“圣协时中”“圣集大成”等均为历代帝王为孔子御题，孔子地位之崇高足见一斑。

历代仁德贤能在尊孔祭孔的同时，对孔门弟子也加以尊崇，在不同的朝代分别请进了文庙，给以从祀和配享的待遇。即孔子像左右分别为“四配”，述圣孔伋、宗圣曾参、复圣颜回、亚圣孟轲；东西供台上为“十哲”，分别为仲由、卜商、冉雍、冉耕、冉求、宰予、端木赐、闵损、言偃、颛孙师，均为孔子的得意门生。此院的配殿东庑、西庑供奉七十二贤人。值得一提的是，为一代宗师孔子立像古今皆有之，而再现其弟子彩塑群像在国内孔庙中亦为规模最大的一处。这些塑像的后墙上还绘有孔子圣迹图，从颜母祷尼山开始，到孔子去世后弟子庐墓为止，把孔子一生的主要活动以壁画形式，惟妙惟肖地展现在游客面前。

穿过大成殿两侧的东、西掖门来到第三进院，首先看到大成殿后墙上硕大的“魁”字。传说当地如有高中的状元，可从棂星门中间甬道进入大成殿，打开“魁”字门，通往敬一亭举行祭天仪式，寓“一举夺魁”之意。

明伦堂，明代即有之，清乾隆、道光时修缮，面阔五间，进深六椽，七檩硬山前后廊式。“明伦”取“存天时，明人伦”之意。明代时为儒学讲堂，清代时改为儒学教室，现辟为孔子生平展室。为了让现代人更好地走近孔子、了解孔子、学习孔子，平遥文庙专门搜集了大量珍贵的史料和实物，全方位地介绍了孔子的一生和他在中国历史乃至世界历史上的地位和影响。

八、万荣飞云楼

飞云楼（图 2.1.4）位于山西省万荣县东岳庙内，为纯木质结构，被誉为“中华第一木楼”。飞云楼为元明风格建筑，高 23.19 米，全楼斗拱密布，玲珑精巧，与应县木塔并称为“南楼北塔”。飞云楼外观三层，内部实为五层，总高约 23 米。平面正方，中层平面变为折角十字，外绕一圈廊道，屋顶轮廓多变；第三层平面又恢复为方形，但屋顶形象与中层相似，最上再覆以一座十字脊屋顶。各层屋顶构成了飞云楼丰富的立面构图。飞云楼体量不大，但有四层屋檐、12 个三角形屋顶侧面、32 个屋角，楼木面不髹漆，通体显现木材本色。飞云楼是解店东岳庙内建筑群中的代表，民谚有“万荣有个解店楼，半截插在天里头”。飞云楼始建年代不详，相传，唐太宗李世民在高祖武德二年，曾率师平叛，逼近龙门关，途经万荣县（古称汾阴），曾在张瓮、解店、古城三地驻兵。平叛以后，就在三处驻地修建乐楼、庙宇，以炫耀他的武功。张瓮岳楼早已毁于战火，惟解店楼至今屹立在万荣县城。

图 2.1.4　万荣飞云楼

唐代贞观年间已有楼，元、明、清历代都曾予重修，基本维持原来的形制。

遗存的楼体是清代乾隆十一年（1746 年）重修后的形制。

无论从建筑的“体”“形”“势”“貌”还是结构上的“技”“巧”“艺”“术”来看，该楼都体现和展示着山西一带传统古建筑匠师们的艺术构思之美和精湛技能技艺。

1953 年被列为山西省重点文物保护单位，曾先后数次拨款修葺，并重整彩瓦、补造铜顶、修复楼梯、增设栏杆。

1988 年被列为全国重点文物保护单位。

九、解州关帝庙

解州关帝庙（图 2.1.5）为武庙之祖，地处山西运城市解州镇西关。北靠盐池，面对中条。解州关帝庙创建于隋开皇九年（589 年），宋、明时曾扩建和重修，清康熙四十一年（1702 年）毁于火，经十余年始修复。

解州关帝庙总面积 22 万平方米，共有房舍 200 多间，分为正庙和结义园两部分，是现存规模最大的宫殿式道教建筑群和武庙，被誉为“关庙之祖”“武庙之冠”。庙内悬挂有康熙御笔“义炳乾坤”、乾隆钦定“神勇”、咸丰御书“万世人极”、慈禧太后亲书“威灵震叠”等匾额，代表建筑是“春秋楼”。

图 2.1.5　解州关帝庙

解州关帝庙是全国重点文物保护单位、国家 AAAA 级旅游景区。“关公信俗”已被列入国家级非物质文化遗产名录，“关公文化节”被评为中国十大人物类节庆活动之一。2012 年，“关圣文化建筑群”被列入中国世界文化遗产预备名单。

十、榆次城隍庙

榆次城隍庙（图 1.1.20）在市区老城东大街北侧中段。据《榆次县志》可知现存的城隍庙是由原北门内善政坊以东的旧城隍庙拆迁后营建的。宣德六年（1431 年）榆次县令曹显觉得旧城隍庙狭小简陋，便拆掉旧庙在现今的地方营建了正殿三间，东西厢房各三间，山门一间。成化十二年（1476 年）三月，又扩充了庙的范围，把原三间正殿迁到后面约八丈远的地方作为寝殿，并在寝殿前四丈的地方新建了五间显祐殿（正殿）。弘治七年（1494 年），榆次人李选认为庙内殿宇虽然宏大，但原来的厢房相形之下，便显得很不相称，便在东西两侧各建了十四间厢房。弘治十年（1497 年）榆次人苻吉等主持又于正殿南正中建阁，起名“玄鉴楼”。正德四年（1509 年），榆次人王嵩主持在玄鉴楼南面修了五间山门，正德六年（1511 年）全部告成。

该城隍庙中玄鉴楼被世界历史文化保护基金会评为全球最精美的 100 处古建筑之一。

世界之大、国家众多，中国又是大国，仅县级行政区就可谓近达三千个……

可这全世界百美之一的精品古建筑就藏在山西榆次老城。

榆次城隍庙各个建筑中也多处明显地体现出当地民间营造匠艺的灵活与别样特征。

十一、阳城县上伏村成汤庙戏台

成汤庙戏台（图 2.1.6）面宽三间，明间 4.51 米，次间 2.09 米。石砌台基，高 1.4 米，前两侧有矮石栏杆。前檐八边形石柱四根，方凳形柱础。前檐斗拱大小不等，形式不同，很是富有民间匠师灵活变化的特色。戏台两侧建有耳房，左右耳房下分别设有山门，耳房上方为钟鼓楼。

图 2.1.6　阳城县上伏村成汤庙戏台

十二、太谷县阳邑镇净信寺戏台

山西省晋中市太谷县阳邑镇净信寺始建于唐开元年间，多次被重修。

净信寺位于阳邑镇西南角，创建于唐代开元年间（713—741 年），金元时曾经修葺。现存内外两进院，坐北朝南。明天启二年（1622 年）《补修阳邑镇净信寺碑记》详细记载了净信寺的历史沿革、布局形式。

其戏楼始建于明正德年间，至清初已毁废不堪。现存戏楼为清道光六年（1831 年）重修而成。

该戏楼坐南朝北，整体构制为抱厦式，后台为悬山顶，前台为卷棚歇山顶，正中悬“神听和平”匾额一块。

台基高1.8米，前台建筑面宽11米，进深5米，三面敞开；后台宽15米，进深4米，三面围墙。此戏台为晋中盆地一带，明清时期戏台中较有代表性形制的一座戏台（图1.6.6）。

山西地方遗存的历史古代建筑特色明显、数量众多，就仅从上述几例亦会发现，无论从建筑的“体”“形”“势”“貌”还是结构上的“技”“巧”“艺”“术”来看，处处体现和展示着山西一带传统民间古建筑匠师们的艺术构思之美和精彩匠艺之绝，其中通过一个“年久存在”也充分体现出建造操作匠师们的精工技艺和认真负责的匠人匠德精神！

第二节　漫说成因与特色

一、山西是中华远古文明的源头

丁村位于襄汾县城东南两公里处的汾河岸边。

20世纪50年代，“丁村人”出土面世，它就像一道震耳欲聋的闪电惊雷突然爆炸在国际考古界的上空。曾经宣称中国人是“西来论”的鼓噪者垂下了高昂的头颅。丁村的考古发掘证明了我们的祖先“丁村人”大约2万至20万年前生活在这一带。

它正好弥补了距今约70万至20多万年前的北京猿人，和距今约13000年间山顶洞人的中国古人类断代的空白。

壶口瀑布景区之东，距河岸约20公里处，有一座山叫作人祖山。它是一处尚未完全开发的天然森林公园。尤其可贵的是，这是一座兼有众多传说和古迹的文化名山。人祖山主峰为人祖庙，海拔1700多米，周围建有大小庙宇10多座，绵延掩映于苍松翠柏之中，祥云缭绕，雾气腾腾，是一处难觅的人间仙境。司马迁在《史记》里说它偏僻荒凉，重耳避骊姬之难时曾躲避于此生活过一段时间，但未提具体名称。公元6世纪，郦道元在《水经注》中称之为风山。这可能和史籍记载的女娲氏是风姓有关。人祖山这个名字最初出现在宋朝前后，当地乡绅为了使“人根之祖曾在吉州”名副其实，遂改称至今。

二、山西有“盘古”开天辟地的传说

女娲陵在赵城镇东4公里处的侯村。《平阳府志》载：“唐天宝六年（747年）重修。”庙中旧塑女像，衮冕执圭，旁侍嫔御。殿壁绘“断鳌”“炼石”各图。乾隆十七年（1752年）以太常卿金德英奏，悉撤去之，更设木主。庙后有陵及补天石。宋代以后有祀典。《大清一统志》记载“庙周围约5里许”，庙中《大元国重建修娲皇庙碑》说它：“辛未（971年）春……乃诏诸郡、县，应境内有历代帝王陵寝之处，俾建寺庙，四时祭享，庶百姓祈福焉。娲皇冢……庙有碑。具述奉敕重修本末。然则赵城之有娲皇庙，其来尚矣。”

娲皇陵其实名声震于寰内已久，陈香梅女士和冰心女士都在生前先后来此凭吊，并留下了珍贵的墨迹。甚至在20世纪90年代，还有来自东瀛日本的游客，到这里焚香祷告，祭奠这位中华民族伟大的母亲。

三、山西有炎帝黄帝创建农耕的痕迹

炎帝陵位于高平县羊头山东麓，晋长二级公路边庄里村五谷庙东边。数千年的沧桑巨变，已经使得炎帝陵荡然无存，唯有一座通立于明万历三十九年（1611年）的“炎帝陵”石碑，上面篆书“皇坟亭”三个古香古色的大字。这里原来是炎帝陵碑亭。

炎帝，烈山氏，号神农氏，又称赤帝，是中华民族的始祖、中国古代农业的发明者，生活在距今大约六千年的时期，与女娲、伏羲并称三皇。

运城盐池，也叫解州盐池，位于运城市南，中条山下，涢水河畔。总面积约为100多平方公里，由鸭子池、盐池、硝池等几个部分组成。盐池所出产的盐，是水卤经日光暴晒而成，颜色洁白，质味纯正，杂质少，并含有多种钠钙物质。运城盐池是全国有名的产盐地之一。

尽管在现有条件下无法证实黄帝时期的传说，但河东盐池哺育了夏商周三代的中原文明是毋庸置疑的。夏朝时已有关于河东池盐生产和贸易的记载。商代的《尚书·说名下》中有“若做和羹，尔惟盐梅”的记载。周代时，咸味已被作为“五味”（酸、苦、辛、咸、甘）之一,《周礼》还有“以咸养脉”的治病记载 。由此推断，中华制盐用盐的历史应该有4000年之多。

（一）帝尧国都古平阳废墟

东北距丁村不到10公里，中华民族远古国家文明的第一缕曙光就在这个地方冉冉升起，一个再次震惊世界的考古发现面世了。这个叫陶寺的地方竟然埋藏着一个古老的国都雏形，这就是国人闻之能诵的帝尧国都古平阳。在这里，帝尧划定九州，“中国”第一次开始闪耀在神州大地；在这里，帝尧“敬授民时”，中国农历开始了它的雏形；在这里，龙首次成了代表国家意志的“国徽”，成了中华民族灵魂与精神上的图腾；在这里，帝尧以天下为公，开创了中国历史上闪耀着熠熠光辉的民主禅让制；还是在这里，两个朱书文字的出土，宣告了帝喾和帝尧时代汉字文化初始形成的标志……

尧去了，但他让后人“就之如日，望之如云”的丰功伟绩在晋南、在山西、在整个神州大地上都留下了永不磨灭的踪影——尧庙西南3公里之遥是被称为“帝尧故里”的伊村；临汾北上10公里的洪洞县甘亭镇羊獬村是帝尧两个女儿娥皇和女英出生的故乡“唐尧故园”；临汾东行100公里处的长子县是帝尧长子丹朱的封地，丹朱死后被葬在丹陵，后人称为丹岭。由此发源，蜿蜒东流的那条河流叫丹河。

“舜耕历山”的故事名扬中外，仅在晋南一带，称为历山，并且有着相关传说的就有两处：其一在洪洞境内；其二是那个地跨翼城、垣曲、阳城、沁水四县，南临黄河谷地，北倚汾渭地堑的历山。每一处都留下了舜王和娥皇、女英两位妻子稼穑耕种的斑斑遗迹。《史记》载“舜生于蒲阪（今永济市），渔于获泽（今阳城县），耕于历山”，最后定都蒲阪。虽然舜都蒲阪的痕迹在今天的永济市已被千千万万个无情岁月的冷风凄雨涤荡一空，但典籍史料上的凿凿之言，还是让我们在彳亍而行的旅途中听到了他踏在这一片土地上“噔噔”作响的空谷足音。

运城市区北行15公里，在蜿蜒百里的鸣条岗西端，坐落着全国闻名的舜帝陵。舜帝陵庙分为南景北陵两大区，南景区分为舜帝大道、舜帝广场、舜帝公园三部分，北景区则分外城、陵园、皇城三部分。《史记·五帝本纪》载："舜南巡狩，崩于苍梧之野，葬于江南九嶷，是为零陵。"

虞舜传承了帝尧的民主禅让制，把帝位无私地传给了大禹。大禹定都安邑，即今天的运城市夏县。禹都俗称禹王城，其遗址是东周魏国早期都城安邑遗址，位于山西省夏县西北7公里处，已成为全国重点文物保护单位。这里留下了"白马峰""金简峰""禹王碑"等随处可见的大禹模糊的影子。

大禹是4000多年前活动在晋南一带的夏部落几代首领的一个形象综合体，被称为夏后氏。他所建立的中国历史上的第一个王朝就被称为夏。夏王朝的建立，标志着中国进入新文明时期的阶级社会，是中国古代社会发展史上的一座重要里程碑。

逐鹿之战和阪泉之战奠定了黄帝在中华民族历史行程中的至高无上的地位，原来分别以炎帝、黄帝和蚩尤为首的东夷集团、华夏集团和苗蛮集团互相渗透、互相融合，一个强大的华夏民族得以形成。炎帝和黄帝遂成为炎黄子孙公认的华夏民族始祖和人文初祖。

黄帝的主要活动区域就在今天的晋南、豫北和陕东黄河中游流域。黄帝的妻子"蚕神"嫘祖传说是运城市夏县城西北约10公里处的西阴村人，村里修建有"先蚕娘娘庙"。

（二）受古代中华优秀传统文化感染熏陶之久

山西在历史上是一个藏龙卧虎的地方，多个朝代的开创源于山西，或成稳于山西。大多数历史王朝建立京都可以说均在山西附近，且把山西作为立朝要地、京都靠山。

古时战乱主要以晋地之外为多，山西则相对安全稳定，加上地理、气候等自然因素的影响，山西民间历来家族自治，村镇乡贤为尊，百姓能者为师、德者为尊，自治方面传承仁、义、善、孝，文化习俗浓厚持久。

这些历史成因与多方面因素导致山西经济发展在历史上也相对领先，人民生活较为稳定，民间各领域传统文化传承延续浓厚久远，相对繁荣，生活稳定富裕自然会催生建筑行业的相应发展与快速成长。

山西在历史上又是一个多民族交叉治理、共同生活居住过的地方；契丹文化、女真文化、汉民族文化、蒙古族文化……

交融相叠、凝聚积淀、自然也会体现在留存在历代建筑技艺传承上，像留存千年气势雄壮的唐代建筑；相当规范基本模式化的宋、辽、金时期建筑；符合结构逻辑出乎情理之外大胆创新的元代建筑；基本结构标准化的明清建筑；更多的是有灵活变通、因材适宜、就材顺势、变化无穷的民间匠艺巧作。

我们大家都知道，不同区域、不同民族习俗、不同时期均有着不同的建筑风格和结构工艺，就是在同一个时期、同一片区域，由于材质不同、材种不同、经济基础不同、功用要求不同、施工操作匠师的更换等，也会有各种不同的工艺要求和产生出不同的工艺结果。不同的自然条件、不同的习俗文化、不同的操作工艺均会产生出不同的建筑风格，也自然包含不同的结构质量。

结构质量的保障与提高自然会让建筑寿命增强与延长。

山西地区历来受古代中华优秀传统文化感染熏陶之久，善良的民众普遍深信善恶有报、因果轮回。

古建筑工匠行业人自然也不会例外，甚至更为浓厚，因为建筑工程中必定是有一部分寺观、庙宇类内容、且必然会接触到僧人、道士，自然也会受益优先。

（三）独特的古建筑匠艺技术传承文化

山西历代古建筑匠师们有他们独特的匠艺技术传承文化。

他们没有京城皇家御用工匠班的雄厚支撑基础与模式化的技术运作习惯，也比不上广大南方建筑工匠的灵巧构思与创造性。

他们的匠艺技术主流靠师徒传承、操作上精益求精、构架艺术灵活把控、构件规格因材设定、结点卯榫合理安顿、卯榫结合溜涨应用、构件造型宜位适用、头尾处理适情显性。

他们坚信“家有万贯、不如技艺在身”的师傅教导，他们克守“精工惜料、积德子孙”的行业道德！

他们追求“匠作亭楼遗后世、亦同著书传后人”的匠艺追求精神，把工程当作品，认为操作即是做人。

（四）有史留建筑作证、且挺有特色

木结构为骨架主体，外观上分为台座、墙与门面、屋顶三部分。

山西古代建筑有着悠久的历史，有着与西方建筑迥然不同的形制和风格。它的基本构造是以木结构为其骨骼（一些砖石建筑亦多仿木结构建造），主要建筑大多由三个部分组成：下面为砖砌或石砌的台基（早期建筑亦有夯土筑基者），中间是屋身，用砖、木等材料筑成，上面装置门窗，上部是两坡或四坡的瓦顶，厢房、配房相对简化，民居亦有单坡屋顶配房成合院民宅。

由这样几座建筑环列成一个或几个庭院，形成建筑群组。无论王宫、衙署、民居、寺庙等多是如此。

多座庭院连续布列，留以通道供人和车马行驶，形成街道和村庄，四周加筑高墙，形成村、庄、堡、镇或城池。

1. 实用舒适，也展示了美感

若干年来人们和建筑朝夕相处，要求建筑美是人的审美观的一个重要方面。因此，建筑的发展是人文与自然的结合，是建筑科学与建筑艺术的统一。

- 台基凸起，以防潮和醒目；
- 屋檐挑出，以遮避风雨和阳光直射；
- 翼角翘起，打破平直僵硬的格局；
- 构架结构虽有多样的匠艺变化却也保持了必要的合理性与外观美，材料材质学、承载力学、防风、防雨、防冻、防地震等多方面匠艺措施安排相对合理，较为成熟；
- 屋顶铺设筒板瓦并设脊兽装饰或装饰琉璃脊兽等，门窗精心加工各种图案式样或再配加雕饰件，或雕琢为主，以增强建筑之华丽；
- 内外涂以油饰进行保护或再装扮彩绘增进美感，同时体现吉祥寓意，兼有记载和传播传统优秀文化故事并增色韵；
- 多种因素组合在一起，形成富有地方特色的晋派建筑艺术美。

2. 山西古代建筑简述

由于当地匠艺技术的久远发展之积淀及当地民间匠艺匠德文化长期的浓厚熏陶与感染，民间古建筑匠艺技术、技能的成熟度也会有一定程度的提高和相应范围的推广。这自然也会在不同时代遗留下一些经得住千百年风雨和年久之自然灾害的优质匠艺、技术作品——山西地方传统古建筑。

我们大概统计如下：

山西古建以木结构遗存最多，元朝以前的木结构建筑数量冠绝全国、盛名世界。

据三普数据和全国各级文物保护单位名单数据显示，山西元朝以前的木构古建筑共计 496 座，唐代 3 座（还有 4 座和 5 座的说法），五代 4 座，宋代 34 座，辽代 3 座，金代 113 座，元代 339 座。

全国幸存的几座唐代建筑全在山西。

全国共遗存金代以前木构建筑 191 座，其中山西遗存 157 座，占全国同期的 82.2%。

全国共遗存元代木构建筑 389 座，山西占全国同期的 87.15%。

全国共遗存元代以前木构建筑 580 座，山西占全国同期的 85.55%。

由此可见，山西所遗存的木构古代建筑时代完整、品类众多、形制齐全，因此山西也享有“中国古代建筑宝库”的荣誉。

在漫长的历史进程中，早期建筑多已不存，研究我国早期建筑业的成就，只能从遗址、古塔、墓葬和雕刻绘画中探索。

四座唐代遗留建筑观感式样和开间各不相同：

南禅寺大殿，唐德宗建中三年（782 年）建，规模不大，单檐歇山，梁架结构简练，屋顶举折平缓，技法古老而纯熟，据说是我国古代保留下来的唯一的“会昌灭法”前的佛寺殿堂。

广仁王庙正殿，唐太和五年（831 年）建，五开间歇山式，平面长方形，斗拱简洁疏朗，梁架规整严谨。

佛光寺东大殿，唐大中十一年（857 年）建，广七间深八椽，单檐庑殿顶，规模雄伟，出檐深远，斗拱肥硕朴实，梁架轮廓秀美，板门抱框亦皆原物，是我国唐代建筑中的代表作。

天台庵佛殿，小三间九脊顶，柱、额、斗拱、梁架全部都是唐构，手法苍古，用材规格不一，反映了唐代我国偏僻山庄的建筑科学和艺术成就。此殿也另有说法是五代时期的。

五代建筑三座，都是有建造纪年的实物：

平顺龙门寺西配殿，后唐同光三年（952 年）建；平顺大云院弥陀殿，后晋天福五年（940 年）建；平遥镇国寺万佛殿，北汉天会七年（962 年）建。

五代十国为时暂短，又是战乱时期，建筑实物能够保留到今天者为数甚少，山西恰好保存了这个时期的三座木构建筑，而且分别是后唐、后晋、北汉三个朝代所建，因此弥足珍贵。

宋、辽、金时期，山西保存下来的木构建筑近百座。这些建筑的形式，有庑殿式、歇山式、悬山式、单檐、重檐、楼阁、桥梁、古塔等。

有些建筑的原有总体布局（大同善化寺、晋祠中轴线、晋城青莲寺、平顺龙门寺等）保存得还比较完整，这对于认识我国建筑业在宋金时期的发展状况和艺术成就，也都是极为宝贵的实物例证。

高平崇明寺中殿，宋开宝四年（971 年）建，斗拱硕大，檐出颇长，殿顶举折平缓，唐风犹存。

高平游仙寺前殿，宋淳化元年（990 年）建，外形庄重稳健，结构简练合理，斗拱五铺作，要头如下昂，为后世下昂形要头之先躯。

太原晋祠圣母殿，宋天圣年间（1023—1031 年）建，七间重檐歇山顶，四周围廊，前廊深两间，柱上木雕盘龙八条，为我国宋代建筑之代表作。

晋祠鱼沼飞梁，与圣母殿同时建造，平面为十字形板桥，东西平坦，南北下斜如翼，结架以梁枋斗拱连至四岸，既可供游人凭栏赏景，又可作为圣母殿前隙地和平台，造形之奇异，尚属孤例。

应县木塔，辽清宁二年（1056 年）建，六檐五级，平面八角形，楼阁式，分层立柱，逐层叠架，明层布列塑像，暗层内加固支撑，塔总高 67.31 米，内外两周柱子上皆用斗拱传递荷载，极顶塔刹完好无损，是我国最高的木结构古建筑，也是世界上高层木构建筑中的杰作。

华严寺大雄宝殿，辽清宁八年（1062 年）建，金天眷三年（1140 年）照原样重修，九开间庑殿顶，台基高大，月台广阔，殿宇雄伟壮丽，构架牢固有力，是我国辽金木构建筑中最大的殿宇。

佛光寺文殊殿，金天会十五年（1137 年）建，七间单檐悬山式，殿内仅用金柱四根，空间异常广阔，屋顶荷载全部由前后槽大额枋承托，堪称当时革新之作。

3. 山西现存元代木构建筑，已知者数百座

其总体布局、单体形制、结构特点和装饰艺术，都较早期有显著变化。

如芮城永乐宫，是我国元代著名的道教宫观建筑，四座殿堂垂直排列在中轴线上，不设廊庑和配殿，筑宫墙两道内外环峙，三清殿最大位居前端，纯阳、重阳两殿布列在后，三殿之间以高耸的甬道和月台相连，不类寺庙规制，有若宫庭格局。龙虎殿（原宫门），五间庑殿式，形体庄重，用材经济合理，六页大板门装置于中柱之上，呈现出宫宇中幽静深邃的气氛。三清殿乃宫中主体，七间庑殿顶，台基高凸，月台分层叠置，殿宇庞大瑰丽，斗拱规整严谨，琉璃脊兽精致，天花藻井纤美，内外彩绘与泥塑间作使用，为他处所无。

又如洪洞广胜寺，是山西元代建筑中极富民间手法的代表性作品，除飞虹塔和大雄宝殿外，七座殿堂都是元代遗构，外形有回廊、雨搭、单檐、重檐、歇山、悬山、庑殿等多种；结构上有减柱移柱造。有大爬梁传递荷载，有井架结构，也有前后额枋承重者，殿顶脊饰吻兽齐备，造形釉色皆佳；梁枋用材多是原始材料剥皮后即使用，虽是“明栿”殿宇，却沿用唐宋时期“草栿”做法，呈现出不拘一格的自然美感。

4. 山西明清建筑

山西保存下来的明清建筑更多，计有 8000 多座。它们遍布城镇乡村，其中较有特色者，如代县边靖楼，城垣之上高楼耸峙，七间三层四滴水，雄壮之势“威震三关”。

解州关帝庙，是我国关庙之首，武庙之冠，规模宏大，楼阁耸峙，牌坊七座，殿宇六重，廊庑环于四周，古桔花卉相映成趣，春秋楼上的挑梁悬柱，更为我国大型建筑中所罕见。

北岳恒山和佛教圣地五台山，更是寺庙林立，殿塔楼坊满布，或规模完整，

或气势壮观，或挺拔峻秀，或结构奇特，或建造奇巧，或雕饰精细，或装饰富丽，或彩画浓郁，风格变化多样，各具特色，都是富有历史艺术价值的作品。

从文物的角度来看，以上这些建筑在全国遗存建筑中的比例，确实也已经是了不起的一列数据。

但更多的还是儿时记忆中和长辈们讲述中的那数不胜数的传统旧式民宅老院、地方富户楼院、近代晋商大院，如悬山门楼三合院、歇山门楼大厅院、二进三进四合院、单院双院对门院、前后二楼过厅院、里外隔牌筒楼院、带偏临街明楼院、一外二内财主院、一巷多门庄户院、正偏联通车马院等，另外还有早期各府各县的城楼、城堡、衙署、市楼、书院、馆舍、商会、豪宅、门店、阁楼等，以及几乎遍布城、镇、乡、村的各类寺观、庙宇、戏台、牌楼、祠堂等。

总结上述确实让人会有如此感觉。

（五）山西是中华古代建筑艺术宝库

人们都说山西是“中国古代建筑艺术宝库”，有举世闻名的应县木塔，有令人惊奇的恒山悬空寺，有国内少有的唐代寺庙，有众多的“宋”“辽”“金”遗留木结构建筑，仅长治一带就有百处之多。

留存下如此众多的古代建筑，有人说这是山西地区自然气候原因所致，还有人说这是历史上政治、军事以及经济等活动原因之结果。

我们承认诸多说法都有其一定的道理，但有一点应该引起更多人们的注意，那就是在山西地区建筑历史发展过程中的传统匠艺技术与匠人匠德文化。

山西传统建筑匠师们成熟而又精致的工程匠艺技术作用，视建筑即自己作品精益求精展示后世的匠师匠德作用，他们把匠艺技术的提高、发挥、传承作为人生唯一追求的匠人精神而所致。

传统匠人们大多未曾上过学，识字不多，但也对本行业口传文化师徒们代代传承，深深懂得“做事即做人、做人须积功、积功累德才是为人之道”。

这其中必然包含着山西民间传统古建匠师们的高超匠艺技术，更是饱含着古代匠师们的高度敬业精神，也体现了古代建筑工程施工管理模式的诸多成熟之处。

第三章　地方民间匠艺要点选例

第一节　减柱造实例

减柱造实例在山西较为多见，如朔州崇福寺弥陀殿、洪洞广胜寺下寺后大殿、五台山佛光寺文殊殿、大同善化寺三圣殿等（图 3.1.1~ 图 3.1.6）。

朔州崇福寺弥陀殿，建于金代皇统三年（1143 年），面宽七间（40.94 米），进深四间（22.30 米），尺度宏伟，平面布置安排也采用了减柱、移柱手法，中央内跨达 12.45 米，左右内跨也达 8.7 米之多，尺度之大他处少见，采用了重叠额梁承重方式以满足大跨度重量压力需求（图 3.1.1、图 3.1.2）。

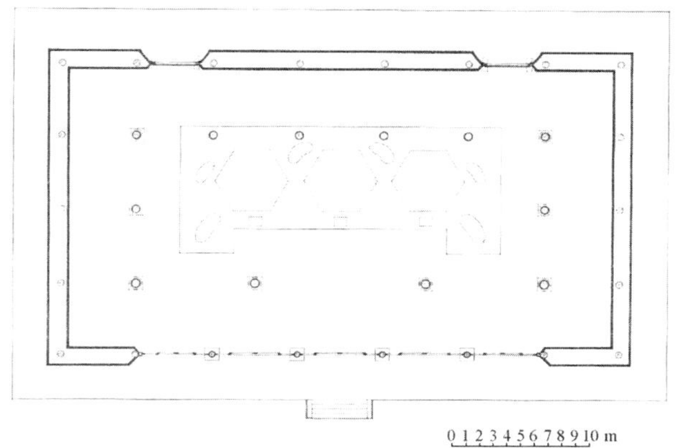

图 3.1.1　山西朔州崇福寺平面图（减柱造案例）

图 3.1.2　山西朔州崇福寺弥陀殿梁架

洪洞广胜寺下寺后大殿，重建于元代（1309 年），面宽七间（27.88 米），进深三间（16.10 米），八架椽、单檐、悬山顶、减柱造做法，现存达 700 余年（图 3.1.3）。

五台山佛光寺文殊殿建立确实年代无可考校注，揆之形制，似属宋初。其平面广七间、深四间。因内柱之减少，增加内额之净跨，而产生特殊之构架，为此殿之最大特征。内柱计两列，均仅二柱。前一列二柱将殿内长度分为中段三间，左右段各两间之距离。后一列二柱则仅立于当心间平柱地位，左右则各为三间之长距离，盖减少内柱，可以增大内部无阻碍物之净面积也。此长达三间（约 13 米）之净跨上，须施长内额以承梁架两缝。但因额力不足，于是匠师于内额之下约 1 米处更施类似由额之辅额一道。主额与辅额之间以枋、短柱、荷叶墩、斜柱等联络，形式略似近代 TRUSS 之构架，至为特殊（图 3.1.4）。

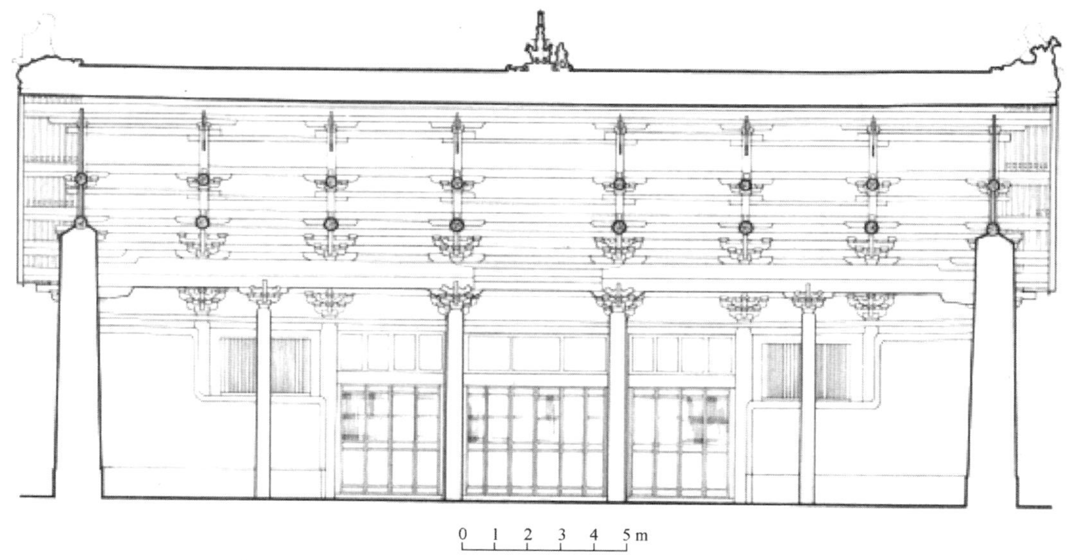

图 3.1.3　减柱造案例（洪洞广胜寺下寺后大殿纵剖图）

图 3.1.4　檐柱上半截

图 3.1.5　减柱造实例（平遥）

在设计及功用上虽不能称为成功之作，但在现存实物中，仅此一孤例，亦可贵也，殿悬山造，宋代实物中所不常见。檐下斗拱，除正面出跳外，并出 45° 之斜拱。

图 3.1.6　移柱造实例（榆次小东关文昌庙）

大同善化寺三圣殿就是一个明显实例，该殿建于金皇统三年（1143 年），面宽五间（32.3 米），进深四间（19.28 米），平面柱列也采用了减柱造。当心间在后檐用了两内柱，而次、梢间的内柱却前移了一步架，布置颇具特色，主梁采用拼料复梁，匠艺特色很是明显，至今达 800 余年之久。

第二节　角梁尾挑金做法

老角梁后尾悬出抹角梁外挑金做法在山西并不少见，前辈老师傅们也多讲述过，优势在于抹角梁缩短外移，进而使在额枋上的着力点更加靠近柱子，既增强了各构件的承受力量，也使构架仰视更加具有美感。

图 3.2.1~ 图 3.2.3 均显示了角梁后尾挑金结构。

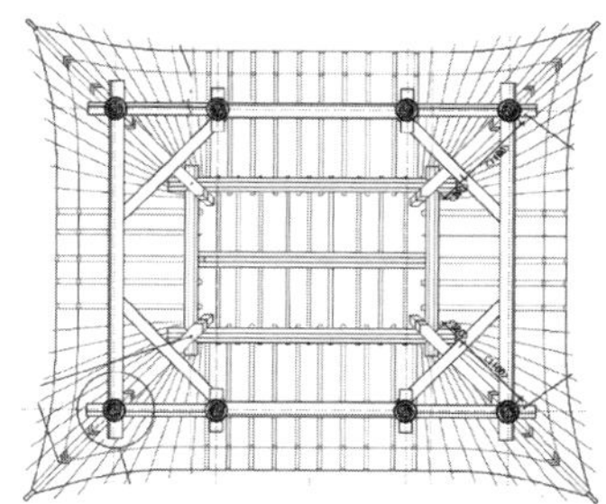

图 3.2.1　屋顶仰视结构（老角梁后尾挑金）

图 3.2.2　原平大成殿内部结构照

图 3.2.3　清徐县尧庙圣母殿梁架

第三节　抹角梁出头挑檐檩

抹角梁外出悬挑檐檩比较少见，师傅当年描述过大概情况，笔者在几年前的古建筑施工图设计中采用过这种方法，效果不错。记得在第一次使用此法时还多处寻访想找个实例先借鉴一下，结果未能如愿。后来在一处见到过一个旧时实例。

图 3.3.1　原平大成殿上檐角结构

图 3.3.2　抹角梁出头挑檐檩案例（一）

图 3.3.3　抹角梁出头挑檐檩案例（二）

图 3.3.4　抹角梁出头挑檐檩案例（三）榆次城隍庙大殿

从图 3.3.1~ 图 3.3.4 中可以看出，角科斗拱内侧加昂，角上往里第一攒平身科斗拱，单边带斜昂，且两边空档不对称，角科斗拱、第一攒平身科斗拱均在结构上与常规不同，事实上都是为适应抹角梁受力需求而进行的调整，实际目的是为了内部抹角梁正好就位于斜昂之上。

民间营造匠师之匠艺的发挥展示，在这座大殿一角十分巧妙地体现出来。

第四节　简化斗拱、异形斗拱的运用

简化斗拱、异形斗拱在山西使用比较普遍，在既要保留斗拱的承载功能作用，又想节约成本或有特殊条件及要求时，自然会采用简化斗拱或异形斗拱的做法（图 3.4.1~ 图 3.4.3）。

图 3.4.1　斗拱不安正心檩实例：榆次城隍庙山门殿

图 3.4.2　原平大成殿侧檐下

图 3.4.3　原平大成殿、简化斗拱实例之一

五踩斗拱去掉正心檩，在前后出跳部位安放檩条，檐椽则延伸至第三架檩，灵活、节约、巧妙舒适，且承载质量有保障。

按斗拱出跳设置檐檩位置，却未设正式斗拱，仅做简易悬挑，远观檐口柱位关系协调、出檐大小比例适当，在投资有限的情况下，可以节省拱材拱枋工料。

第五节　弯梁、弯檩的巧妙使用

弯梁弯檩可以用，着力平稳背上弓；

弯柱使用弓顺墙，明柱位上不用它。

（弯柱可以在墙中使用，过去古建筑墙体不承载屋顶重量，大多情况是土坯墙，且一般情况是先立架以后才砌筑墙体）

梁架草作中的弯梁檩使用在民间过去是经常会遇到的事。

见图 3.5.1~ 图 3.5.3。

图 3.5.1　弯梁实用案例（一）

图 3.5.2　弯梁实用案例（二）

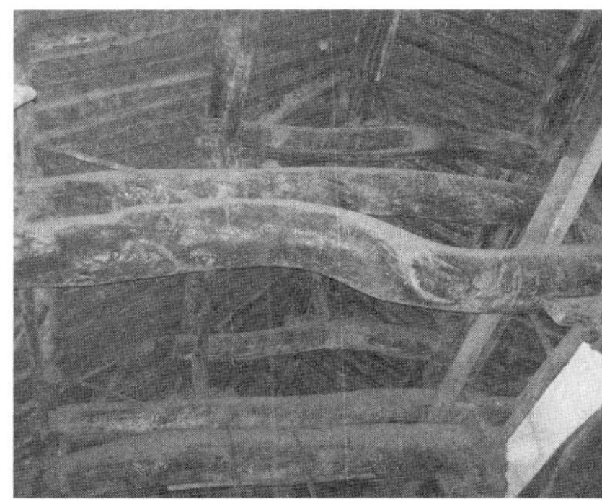

图 3.5.3　弯梁实用案例（三）

第六节　部分大木结构构架方式

图 3.6.1　平遥文庙斗拱

图 3.6.2　大同法华寺殿顶构架

图 3.6.3　平遥某戏台藻井

图 3.6.4　清徐县尧城村尧庙大殿

图 3.6.5　晋祠难老泉亭木构架

图 3.6.6　榆次文庙明伦堂局部

图 3.6.7　清徐县大常过街戏台构架

图 3.6.8　清徐县尧庙圣母殿内梁架

图 3.6.9　清徐县尧庙戏台梁架

图 3.6.10　太谷县朱家堡村戏台梁架

图 3.6.11　山西某戏台藻井

图 3.6.12　太谷阳邑净信寺戏台木构架

图 3.6.13　榆次东贾八角亭构架

图 3.6.14　太谷圆智寺大殿结构

图 3.6.15　某地廊子木构架安装施工中（几位山西匠人师傅们在海南工地）

图 3.6.16　木构架斗拱安装

图 3.6.17　木构架椽子安装

构架之美固然重要，但更重要的还是构架的合理性与承载功能的保障。

合理的构架方式亦同时需要合理的接点结构，接点结合的高质量、稳固性，必然需要优化、合理、严紧的卯榫构造，匠艺技术操作环环相扣。

把它们巧妙结合，统筹安排处理，自然会体现出匠师的高超匠艺技术技能成果。这里面包含着美学、力学、材性、材质，空间、尺度、匠师艺术，也包含着物理、构造、卯榫技术、哲思、民俗，更离不开传统匠德的核心主导作用。

看了这些构架图片想必您也会了解一些大木构架民间匠艺构造的灵活性了吧……

纵观以上这些构架方式，多数未必能吻合官式做法要求，也有部分结构内容显得离谱。但仔细观察可以发现，它们均都有各自的受力保障及观感特色，如能身临现场更会发现无尽无穷的匠作技巧，也会意想到其中包含着丰富灵活的地方民间匠艺特色。

传统古建筑民间匠师们大多未曾上过学，也仅是可能认识一二百个常用字，但他们尊师敬业、刻苦执着，不懈地实践操作、学习追求、创造业绩、积累经验、更新和提高自己的匠艺技术……

他们经常两手泥土、一身尘埃，但看了这些构架作品不由得让人对他们心生敬意！

他们的作品很受人们的认可和喜欢，他们的操作工艺技能受到大部分喜欢传统建筑的人们的喜爱。他们的手艺技能和构造技巧是通过多年动手操作久而熟练、实践积累且长期钻研摸索形成的。

可以说，他们一生积累的功夫与经验是别人抢不走的财富，是藏于民间营造匠师心中的民族财富。

即使今天有很多人通过图片图纸能看得懂、看得通，但有几个人能在没有具体施工图时就可以亲自动手构思操作完成一座厅堂建筑呢？

第七节　斜用构件长度的传统计算方式

传统古建筑大木作匠师在大木构架操作过程中总结了一些传统尺寸计算方法。

凡建筑开工首先要确定平面布置与立体空间尺寸，传统匠师们基本均是根据所建内容的用途功能要求，依据门尺吉凶关系，进行排丈杆计算，然后结合具体实际情况再复核计算，最终确定布局尺寸、柱高构架等。

比如对于斜构件长度就留有下列口诀：

举架加斜计算法

二五举一〇三；三举一〇四；三五举一〇六；四举一〇八；
四五举一一零；五举一一二；五五举一一四；六举一一七；
六五举一一九；七举一二二；七五举一二五；八举一二八；
八五举一三一；九举一三五；九五举一三八；十举一四一。

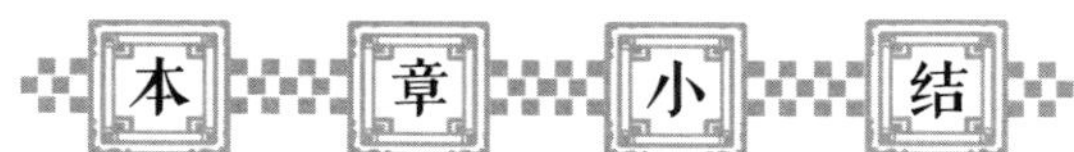

山西可谓是“国中之宝”，懂得山西就懂得了中国。

经常有人说，出去旅游喜欢看历史文化与史迹文物时，“地下文物看陕西，地面文物看山西”。在山西，地面上的文物占到全国的 72%。我们原来学的历史课本提到最早的人类文明是 40 万年前的北京猿人。

现在晋南芮城县境内西侯渡文化的大量遗存已证明人类在距今 180 万年前就能人工取火，把世界的文明史整整向前推了一百余万年，这是人类文化中非常重要的一笔。

历史上有很多故事发生在山西。

我们提出一个全新的理念，“几十年中国看深圳，近百年中国看上海，上千年中国看北京，三千年中国看陕西，五千年中国看山西”。

为什么这么说呢？

深圳是中国改革开放的缩影，所以“几十年中国看深圳”；一百多年前，上海只是江苏省松江县的华亭镇，现在已发展成为东方大都市，它是中国近代史的缩影，所以“近百年中国看上海”；

北京真正成为大中国的首都是从辽金时代开始的，距今800~900年，所以说“上千年中国看北京”；

从周文王、周武王的历史开始，到现在正好是三千年左右，所以“三千年中国看陕西”；

从尧、舜、禹时代到现在大约是五千年，所以“五千年中国看山西”。

余秋雨先生的《抱愧山西》称：“在上一世纪乃至以前相当长的时期内，中国最富有的省份不是我们现在可以想象的地区，竟是山西！直到20世纪初，山西仍是中国堂而皇之的金融贸易中心，北京、上海、广州、武汉等城市里那些比较像样的金融机构，最高总部大抵都在山西平遥和榆、太、祁各县几条寻常的街道间，这些城市只不过是腰缠万贯的山西商人小试身手的码头而已……”

女娲补天、精卫填海、愚公移山以及炎帝、尧、舜、禹的很多传说和遗迹都在山西，晋文公重耳、赵武灵王等也有很多故事在这里发生。

唐朝之前李渊父子起兵就在太原唐明镇，这里是他们的龙兴之地。后来太原成了唐朝的夏都，封太原为北京、北都，与长安、洛阳并为三都。

李世民被称为太原公子。晋祠里立了一块唐碑，是李世民学习王羲之的草书时写的，光一个“之”字就有30多种写法。

国内现存的元代以前的木结构建筑，70%以上在山西，这也充分说明了山西地区在历史上的繁荣与兴盛。

其自然也推动与促成了当地传统建筑匠艺的发展与成熟，亦为山西传统营造匠艺技术的传承发展打下极其良好的基础……

整个山西在地图上是一片树叶形状，南北相距约近800公里，东西相隔300公里左右。从最北面的大同云冈石窟往南面走，一路上有北岳恒山、应县木塔、五台山寺庙群、太原晋祠、榆次常家庄园、祁县乔家大院、平遥古城、灵石王家大院……

像五台山有一座佛光寺，是唐代的木结构建筑，至今已有1400多年，全国只此一处；应县木塔是900年前的建筑，著名建筑学家梁思成认为其是世界奇迹，称之为“中国的比萨斜塔”，实际上它比意大利的比萨斜塔还要高，是世界现存最古老、最高的木结构塔。

乔家大院是电影《大红灯笼高高挂》的外景地，其实规模很小，不过是封闭的财主式小家小院。

规模最大的是榆次常家庄园，目前开发出五分之一就有12万平方米，整个庄园非常敞亮，与财主们不一样，常家祖辈是做茶业的。该庄园从乾隆到宣统历经七朝，沿袭150余年，可谓山西本省茁壮的“资本主义萌芽”。据当地老人们讲述和原有遗迹，估量早年最兴盛时期庄园面积占地起码在60万~70万平方米。

晋中的灵石有一个王家大院也非常大，加上太谷曹家、祁县渠家等，这些大院的开创展示了晋中过去的商业发展文化。

另外，还有很多未进行开发而留传民间的富豪门第，像榆次聂店斗福财主、王村郝八财主、西白杜五财主，太谷上庄王家……

晋商比徽商要发达得多，清末年间慈禧太后逃难去西安，路过山西没有钱，就是向晋商借的钱。

山西的农工商富足到什么程度？包头原来是康熙征讨噶尔丹时候的一个兵驿站，山西人在那里为清兵办辎重，逐渐发展成了包头城。

辽宁的朝阳是山西一个姓曹的做豆腐的生意人建成的。

现在北京的大栅栏、珠市口有70万山西人后裔在那里。

山西的人文景观还有永济的莺莺塔和黄河大铁牛、历山的舜墓等，可以说整个黄河文明都能在山西找到踪迹。

前几十年中央政府一直强调山西是能源、重化工基地，山西人也因而忽略了开发这些旅游资源。

现在山西的旅游业已经或即将处于中国的领先水平了。像晋中平遥、大同云岗、忻州五台山等已是世界品牌了。

历史上经济的繁荣与发展，自然会促进当地的建筑业发展。传统建筑业的大力发展也必然要推动建筑匠艺人员的成批出现和建筑行业人员匠艺技术的发展提高。

其中自然会出现匠艺匠德、技能技术的比拼竞赛，也必然会促使匠人师傅们的匠艺日臻成熟。

从本章的几则民间营造实案选例来看，它与我们熟知的“清则例”“宋法式”并不完全吻合，但它又确实早就被山西当地民间营造匠师们掌握应用。

况且，如果有条件、有兴趣、有耐心地在山西深入探寻传统营造细节的话，又何止是这些呢？

例如，介休后土庙大殿建筑主殿与偏殿的复合结构方式；榆次永康泰山庙大殿屋顶，后看是悬山顶，前看又似歇山顶；大同善化寺大殿内的移柱与重梁结构；太谷范村镇圆智寺的所谓无梁殿；榆次城隍庙大殿抹角梁出头挑檐檩；等等。很多出奇、脱俗、巧妙而又别具匠心之特例在山西数不胜数。它们的存在反映了过去当地民间营造匠艺的高度成熟与灵活应用，也体现出过去传统民间营造匠师们的智慧与匠艺成绩，同时也给我们今人留下了研究学习的实物教材。

这些年久留存下来的建筑实绩也充分说明了传统民间营造行业内的匠艺技术成熟度之高与匠德文化的浓厚效应。

山西的特点可以用五句话来概括：

一是华夏名人出三晋，山西是一个历史名人辈出的地方，20 世纪 60 年代曾出过一本《中华名人大辞典》，其中十分之一的人物是山西人。

二是华夏文脉在三晋，山西诗人实际支撑了半部全唐诗，例如初唐的王勃、盛唐的王维、中唐的白居易、晚唐的温庭筠都是晋人，《三国演义》的作者罗贯中也是晋人。

三是华夏财富汇三晋，从唐宋到明清这段历史时期，山西一直是全国社会稳定、经济富裕的地区，晋商纵横中国一千年，在这漫长的历史长河中，尤其是清朝，全国排名前 16 位的大财商都在山西。

四是华夏人气看山西，看中华民族还有没有可持续发展的动力，山西是一个非常值得研究的地方，历史上每逢社会动荡、人心浮动需要整顿时总会有山西人积极参与……

五是史留传统古建筑很多，那么较为精通、熟知、熟练的民间传统古建筑匠艺人员也必然会多，其中自有很多拿得起也放得下的成熟而无名匠师，他们对中华传统古建筑识得透、弄得明，只要业主提示一张示意照片，他们不需要任何设计图纸即可操作完成业主心中想要的殿、堂、楼、阁、厅、院、亭……

如果说保护人才比保护物品确实重要，那么也可以说这些民间匠师也是山西地方当前特有的一笔稀有且珍贵的非物质民族财富。

第四章　民间匠艺做法述要

本章所列部分结构方式、结点构造方法、卯榫结合方式等均得益于早年拜师学艺时经常跟随师傅师兄拆除旧宅院、旧庙宇，在具体拆卸旧构件卯榫时出于好奇心，问询师兄、请教师傅，了解认识，慢慢产生了爱好。

现场所见记忆在心里，工闲时经常听师傅讲述的传统建筑行业故事及一些技艺典故等刻留在心中的影响也就相对较深。

记得小时候家里住的院子和现在的“乔家大院”“常家庄园”很类似，仅是残破一些，那时传统的老宅院、旧寺院、旧庙宇、旧戏台、旧祠堂等农村还有很多，村里三合院、四合院、二进院、三进院、抱厦门楼过厅院、垂花门楼二进院、隔牌门楼里外院等虽说有不同程度的破残情况，但还是在我的脑海里留下了很深的记忆。

更主要的还是自己在那个拆除改造阶段正好是跟着师傅当学徒，亲自参与其中，加上爱好古建筑结构、构造，同时又有师傅现场解说，所以记忆较为深刻。

这些都为后来从事古建筑工程打下了良好的基础。

下面列举的这些做法大多数来自早年的认识、了解和记忆，多数做法在当前很少使用，亦较少见，但认真研究发现，这些做法大多都有各自的优势，其中部分结构及结点做法有着很重要的传承价值。

一、檐柱、金柱头的吞栏柱口拉结替及平板枋

吞栏柱口通雀替的作用类似于清代官式做法中的挂额柱口，在山西常见用于檐柱头上和金柱头上，也有少数用在瓜柱头上的情况，当地对平板枋、额枋习惯称作立栏、卧栏。

柱头两侧各开额枋卯口称之为挂额，柱头开通口把两边额枋榫头含在柱内称之为吞额，额枋在当地称立栏，所以称作吞栏柱口。

把栏额吞入柱口的同时往往会加设拉结替，这种做法的优点是扩大了额枋头在柱子上的着力面，再加上拉结替的作用，很大程度地提高了额枋的承载力，增强了柱枋构造的稳定性。

这种做法适应于普通中等及较小柱径的情况，但对操作柱子端头卯口榫头

上有较为细致的要求。早年拆卸旧宅院建筑构件时较为多见。

相关做法见图 4.1.1~ 图 4.1.4。

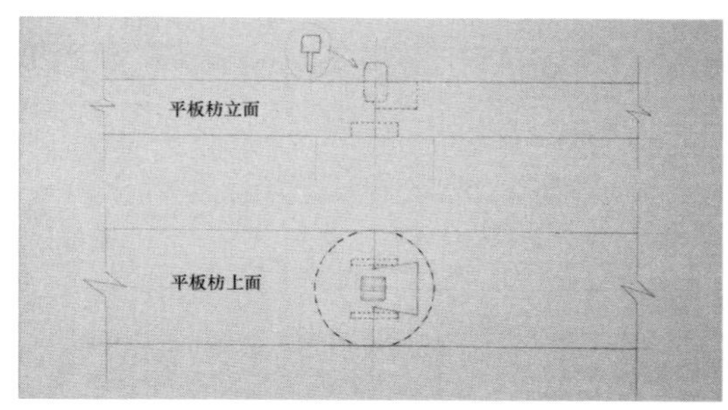

图 4.1.1 平板枋在柱头搭接卯榫做法示意图

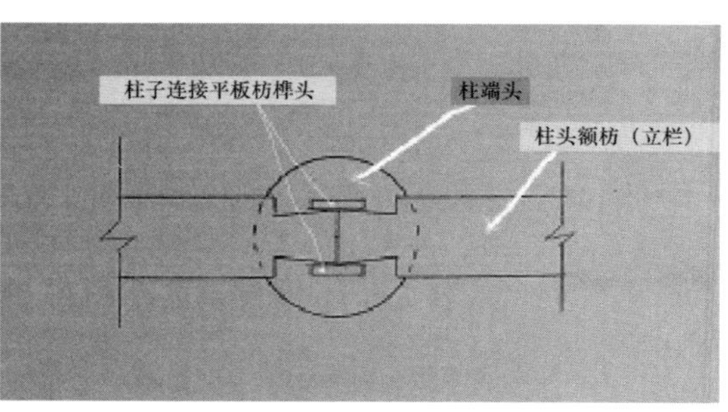

图 4.1.2 吞栏柱与立栏卯榫结合平面示意图

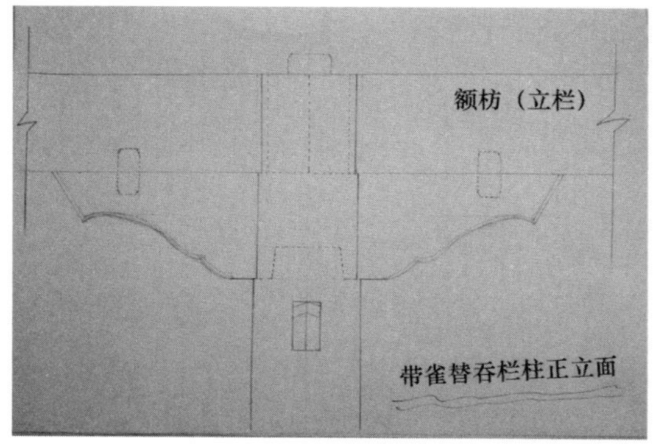

图 4.1.3 吞栏柱通雀替卯榫结合正立面图

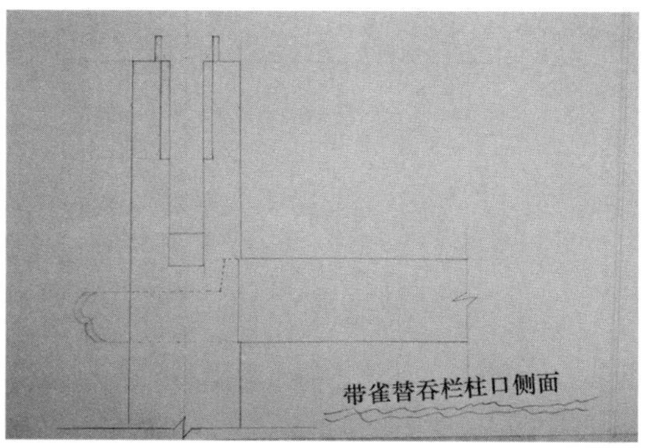

图 4.1.4 吞栏柱通雀替卯榫结合侧立面图

关于斗椿的解释：

图 4.1.5、图 4.1.6 中均出现了“斗椿”一词，实则是平板枋与梁的结构稳固定位穿销卯榫，依平板枋与梁各自的木纹交叉关系做成上方下扁的斗梢，又因当地传统习俗中以椿木为木中之王，用椿木做此梢以镇百木，所以叫“斗椿”。斗椿的作用相当于柱端馒头榫，下端用栽梢方式插入平板枋，制作时上下均要有溜涨工艺（3%~5%）。

这种传统民间吞栏柱口做法有良好的结构效果，对增强构件稳定性和承载力有明显作用，能扩大额枋端头在柱口的着力面，在大雀替整体拉结承担情况下缩短额枋受力跨距、提高承载力。

（见于早年旧宅院、旧寺庙构件拆卸）

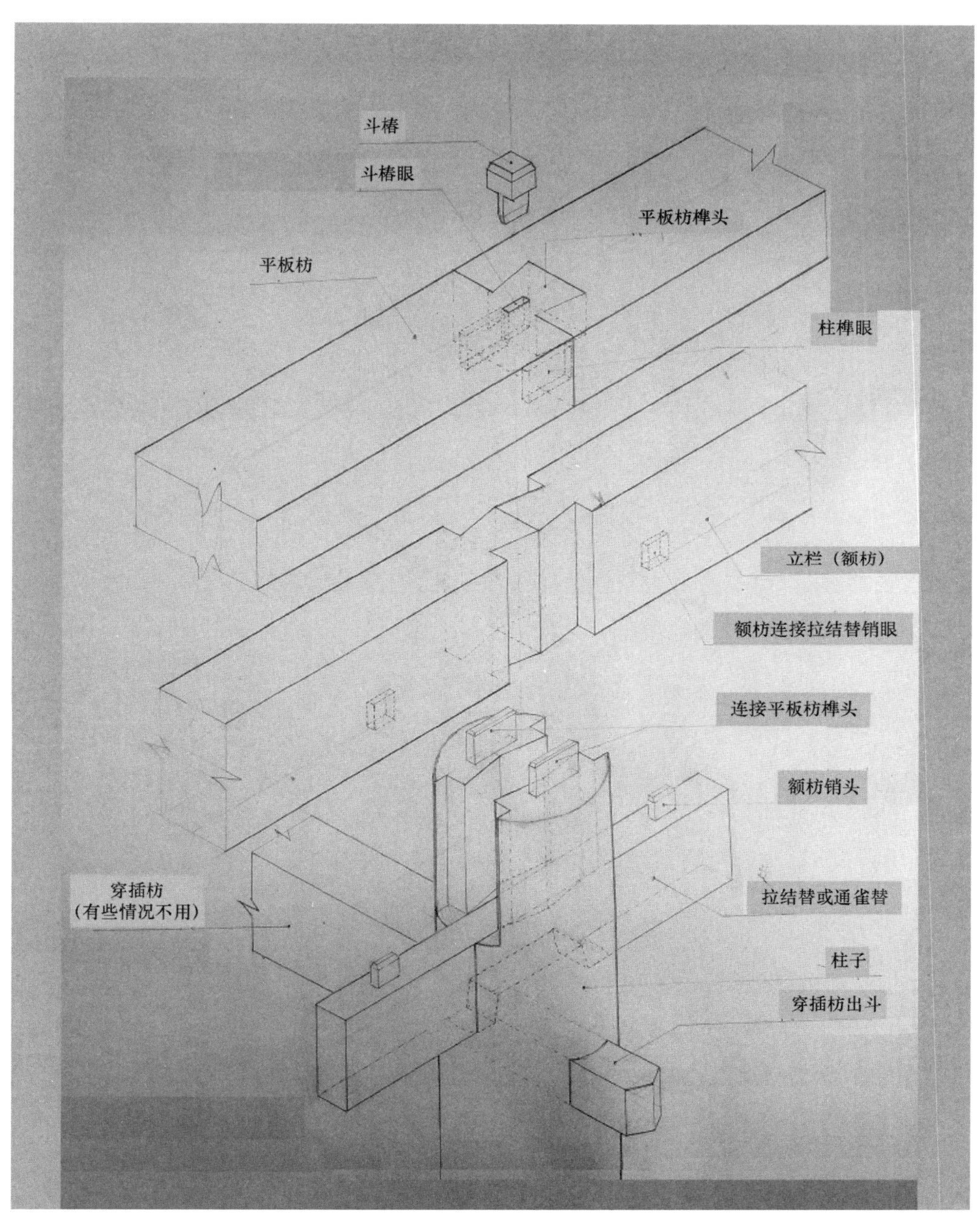

图 4.1.5　檐柱头吞栏柱口结构卯榫示意图（立栏设银锭榫头）

观察立栏设银锭榫头吞栏柱口结构，我们可以明显地感觉到这种做法比常用的挂额柱口做法大大地增强了承载能力和结构稳定性。

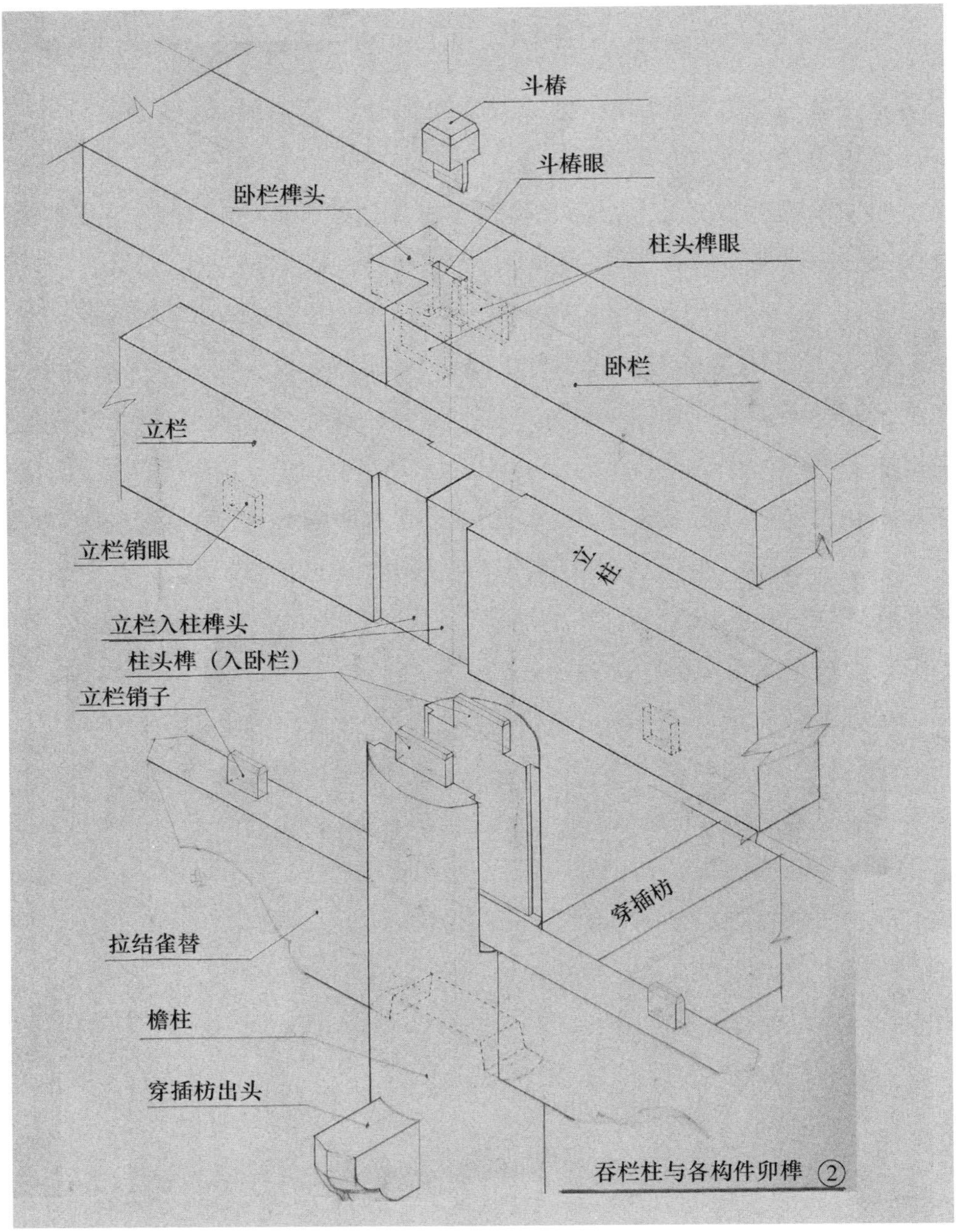

图 4.1.6　檐柱头吞栏柱口结构卯榫示意图（立栏直榫头）

从立栏直榫头吞栏柱口做法图中，我们同样可以明显地感觉到这种做法比常用的挂额柱口做法大大地增强了承载能力和结构稳定性。

图 4.1.7 所示为檐柱头与相并构件结构做法比较。

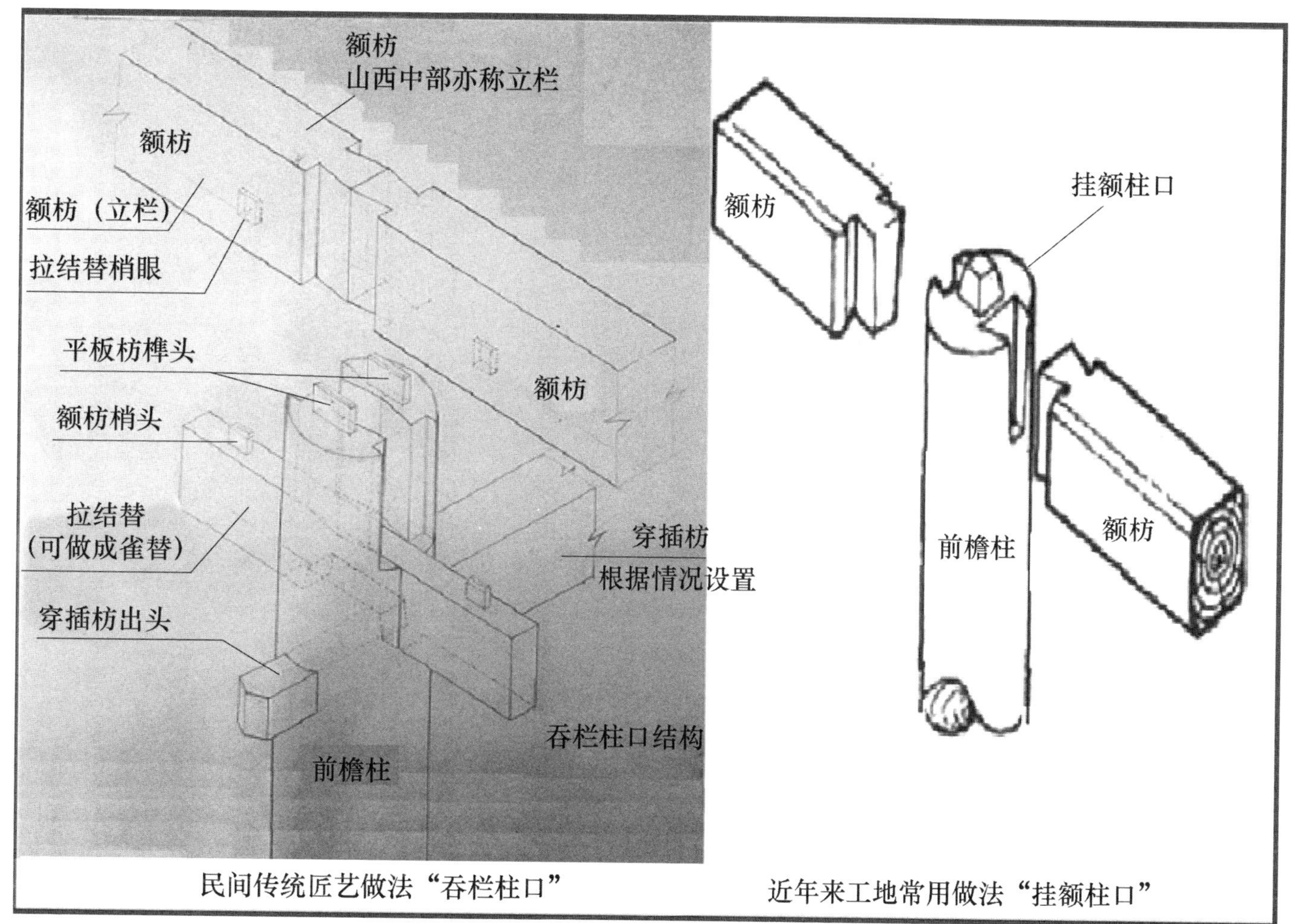

图 4.1.7　檐柱头与相关构件结构做法比较

通过图 4.1.7 可以看出，“吞栏柱口”做法相对于“挂额柱口”做法确实有很多明显的优势：

①增设拉结替（可做成通雀替、兼装饰）大大增加了立栏（额枋）在柱头的受力接触面积。

②在增加立栏（额枋）在柱子上的受力接触面积的同时，缩短了立栏的承载跨距，大大提高了立栏（额枋）的抗弯强度。

③增强了该结点的结构合理性与稳定性。

④增强了抗震、抗风等抗灾性能。

⑤对于延长建筑物寿命有很大的作用，有较好的实际效果。

⑥可以通过换算减小立栏（额枋）规格，达到降低成本或展示灵秀的目的。

二、瓜柱与内梁头结点卯榫

图 4.1.8 所示这种在瓜柱上端、梁头、檩下结点设置替拱的民间做法有良好的结构效果，对增强构件稳定性和承载力有十分明显的作用（见于早年旧宅院构件拆卸）。扩大檩端着力面、缩短檩条受力跨距，提高承载力是必然的。

反过来想，在檩径规格偏小、开间跨度偏大时，这何尝不是一种较好的补救解决方式。

设置这种做法，有意识地降低檩径，则能够降低材料成本。

图 4.1.9 瓜柱头上通过双层替拱形成牢固的支撑结合体，把左右两边的檩头支撑拉结在一起，有效地缩短了檩子的承载跨度，大大增强了承载力，提高了建筑质量，延长了建筑物寿命。瓜柱头各构件结点做法见图 4.1.10。

通过观察图 4.1.11 我们可以看出，早期民间匠人的做法与近年来工地常见做法相比，确实有明显的质量优势：

①增设梁头替拱（拉结替作用）相应地增加了檩条在梁头上的受力接触面积。

②由于受力接触面积的增加，同时缩短了檩条的承载跨距，也相应地提高了檩条的抗弯力度。

③增强了该结点的结构合理性与稳定性。

④增强了抗震、抗风等抗灾性能。

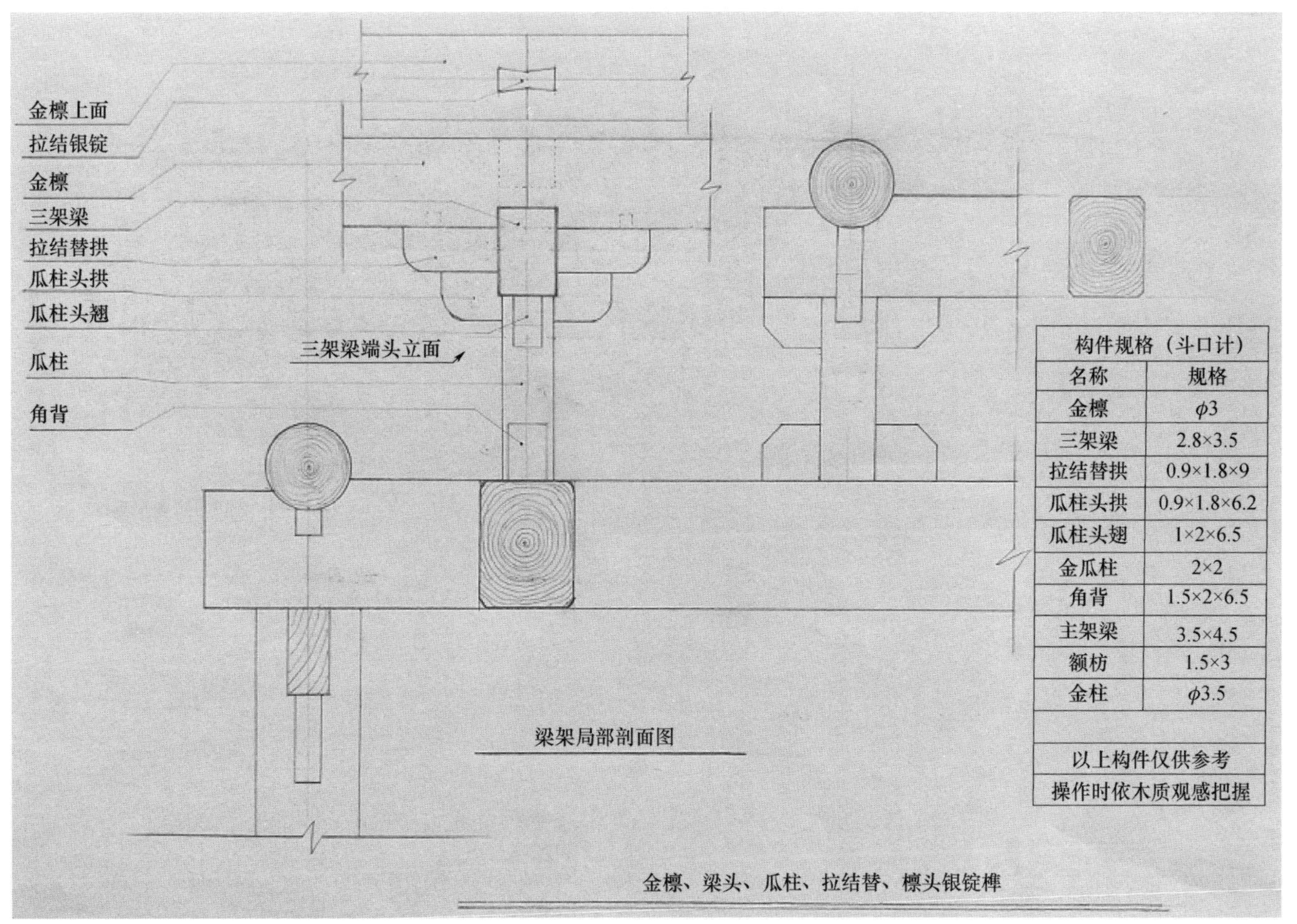

构件规格（斗口计）	
名称	规格
金檩	$\phi3$
三架梁	2.8×3.5
拉结替拱	0.9×1.8×9
瓜柱头拱	0.9×1.8×6.2
瓜柱头翘	1×2×6.5
金瓜柱	2×2
角背	1.5×2×6.5
主架梁	3.5×4.5
额枋	1.5×3
金柱	$\phi3.5$
以上构件仅供参考	
操作时依木质观感把握	

图 4.1.8　瓜柱头各构件结点做法（一）

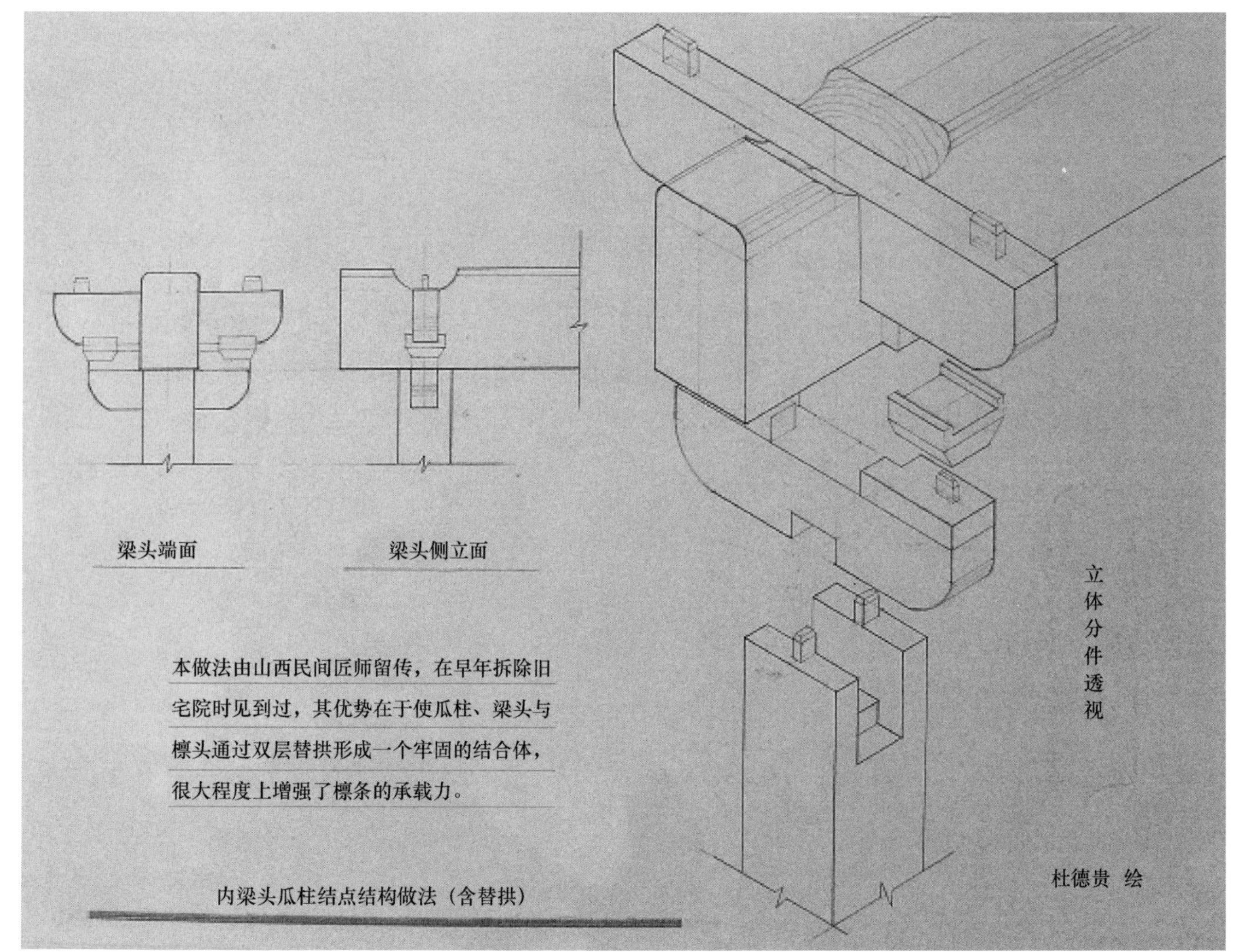

图 4.1.9 瓜柱头各构件结点做法（二）

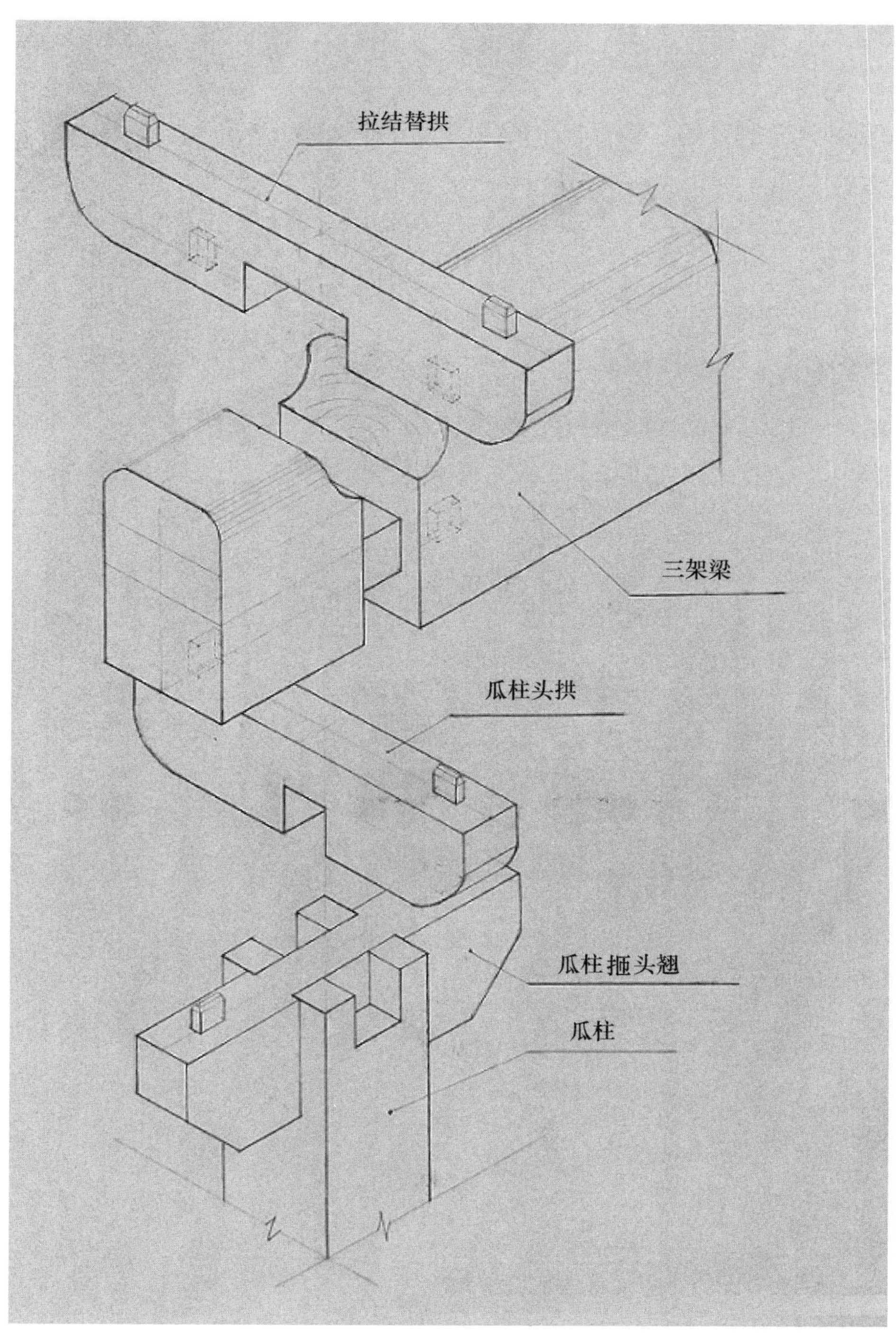

图 4.1.10　瓜柱头各构件结点做法（三）

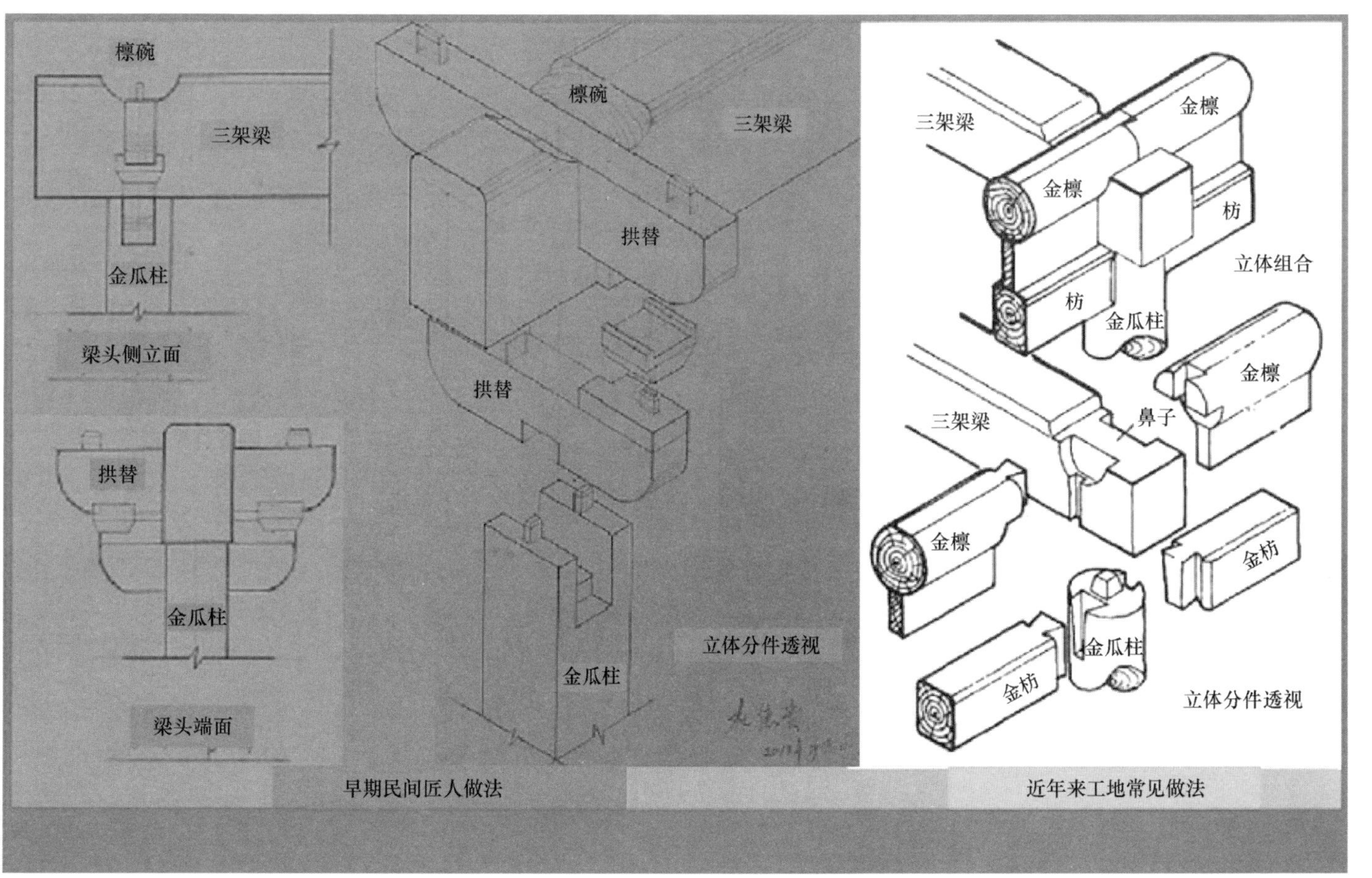

图 4.1.11　金瓜柱与相关构件结构做法比较

⑤对于延长建筑物寿命有很大的作用且实际效果较好。

⑥可以通过换算减小檩条直径规格达到降低成本之目的。

⑦该方法用于檩下不需要封闭的情况最为合适。

⑧采用该做法要注意檩碗深度适当，以檩径的 1/5~1/4 为宜。

三、脊瓜柱与拱替及各构件

山西民间古建筑匠师傅们瓜柱结构工艺做法两例。

脊瓜柱各构件结点做法见图 4.1.12~ 图 4.1.15。

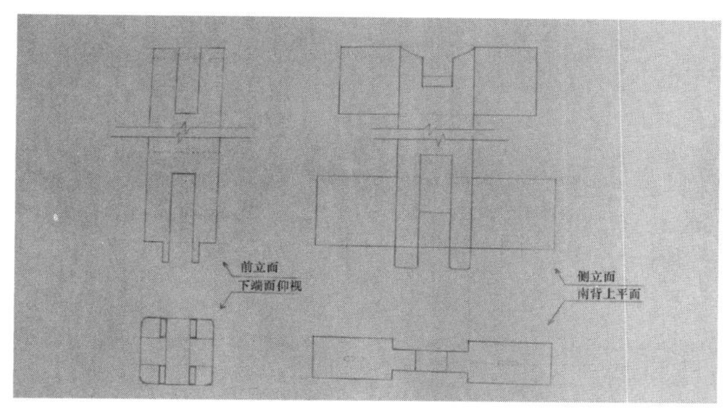

图 4.1.12　脊瓜柱各构件结点做法（一）

图 4.1.13 中在随檩枋下加设一块拱形拉结替加大檩端部着力面积，并设暗销对两边檩条形成稳固拉结，瓜柱箍头墩还按原来办法制作安装。

瓜柱下端、管脚榫、角背、暗销等参照图示进行。

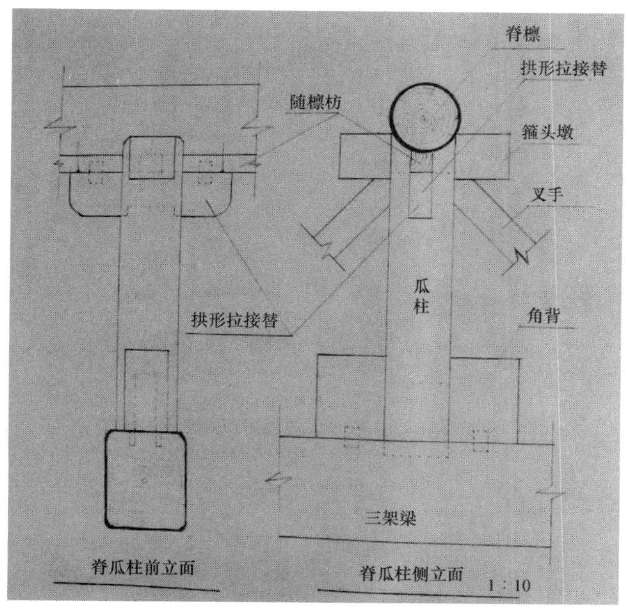

图 4.1.13　脊瓜柱各构件结点做法（二）

通过认真观察图 4.1.16 可以看出，对于脊瓜柱上部结点做法，“早期民间做法”比近年工地常见做法有明显的质量优势：

①增设牛头墩，在脊枋下设拉结替，扩大了脊枋在牛头墩上的受力接触面积。

②由于受力接触面的扩大，同时缩短了脊枋的承载跨距，通过檩枋中的荷叶墩大大提高了檩条的抗弯强度。

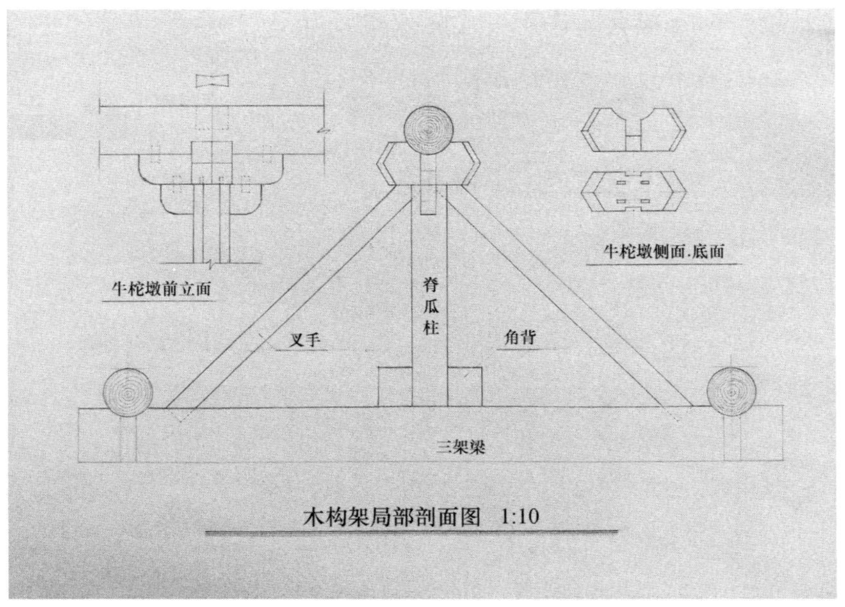

图 4.1.14 脊瓜柱各构件结点做法（三）

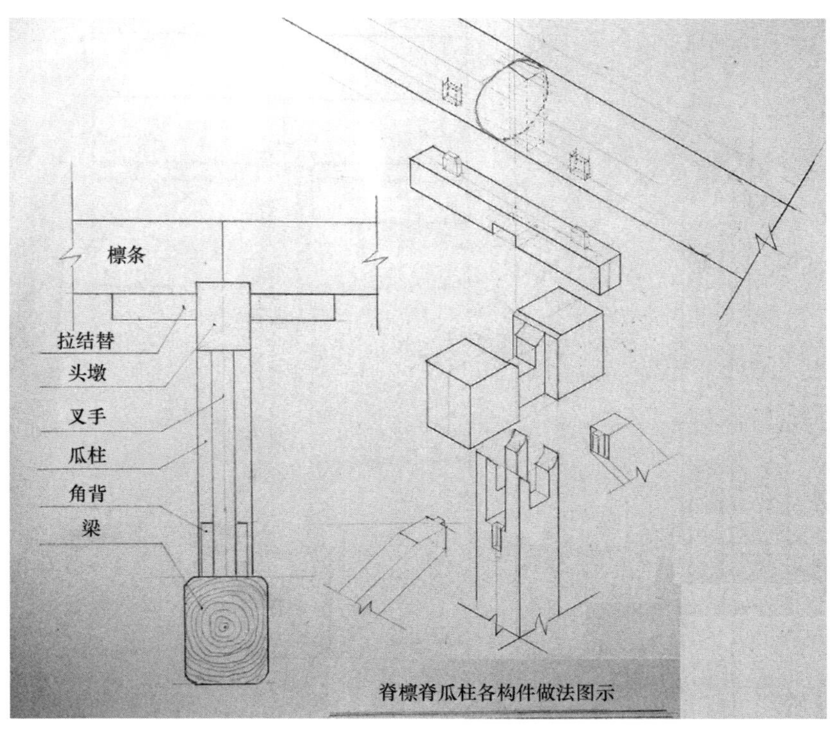

图 4.1.15 脊瓜柱各构件结点做法（四）

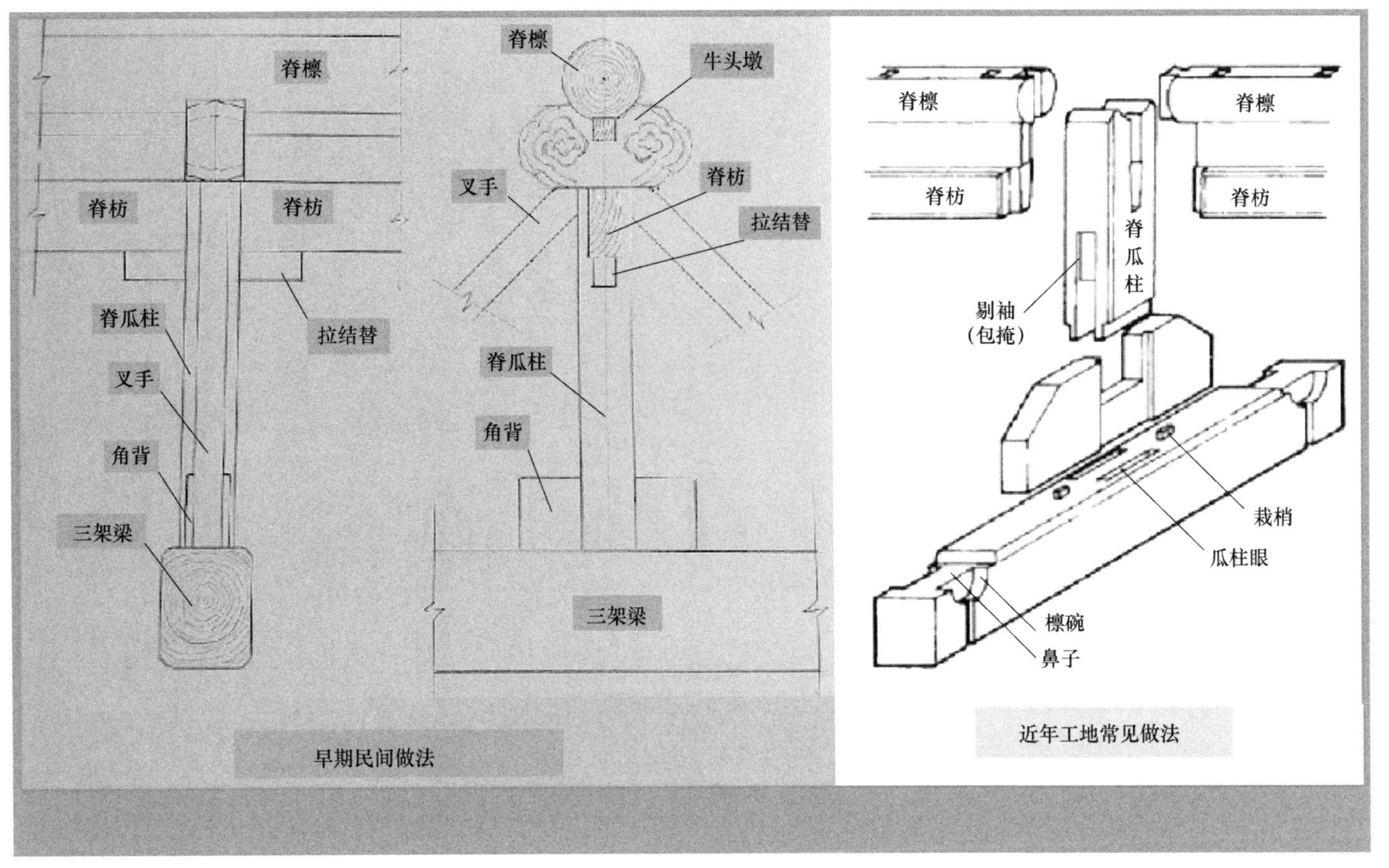

图 4.1.16　脊瓜柱与相关构件结构做法比较

③增强了该结点的结构合理性与稳定性。

④增强了抗震、抗风等抗灾性能。

⑤对于延长建筑物寿命有很大的作用与实际效果。

⑥可以通过换算减小檩条直径规格达到降低成本之目的。

⑦采用该做法要注意檩碗、叉手、拉结替等各构件相交卯榫做法的合理性和工艺的严谨性。

民间匠艺做法灵活变通，多种多样，还有把叉手上端位置上移，直接嵌入头墩顶住脊檩的，好像更为适当。

拉结替用在檩、枋下面不用再封闭的室内梁头下比采用通替（随檩枋）更为适合，一则拉结效果优于通替、结构质量更加合理，二则材料成本明显降低。

四、撑拱的设置利用

图 4.1.17　撑拱的设置实例

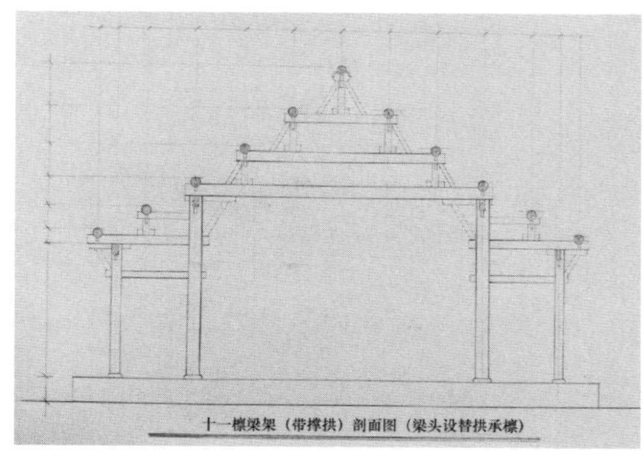

图 4.1.18　十一檩梁架带撑拱

撑拱设置在早期建筑上就有使用，民间古建筑使用相对较多，有些地方匠师更是把撑拱改良成为装饰雕花件（南方多见）。如图 4.1.17 所示。

撑拱有着良好的结构受力作用，在梁、枋、檩等构件偏小时设置使用，亦可用于梁出挑、增大出檐等。图 4.1.18 所示为十一檩梁架带撑拱。

撑拱或因构件受力不足而设置，但事实上不仅增强了承载力，还具有三角稳固作用。对于长度够却偏细的梁、枋、檩来说，设置撑拱可以使人减除担心，而在正常构件下设置撑拱，可以增强稳固性，进而延长建筑寿命。

撑拱在构架中的应用见图 4.1.19，撑拱在瓜柱两侧的应用见图 4.1.20，撑拱使用实例见图 4.1.21、图 4.1.22。

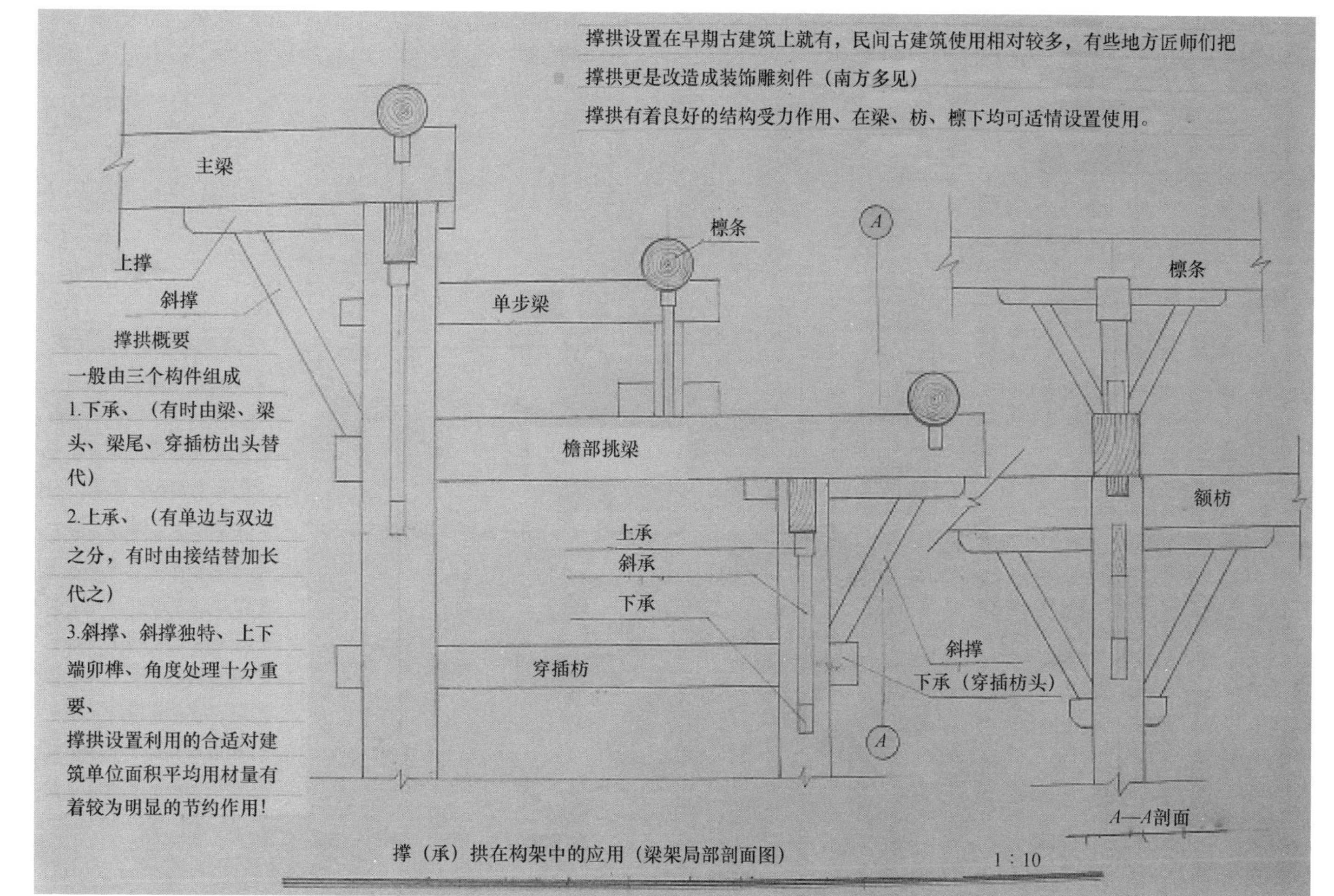

图 4.1.19　撑拱在构架中的应用

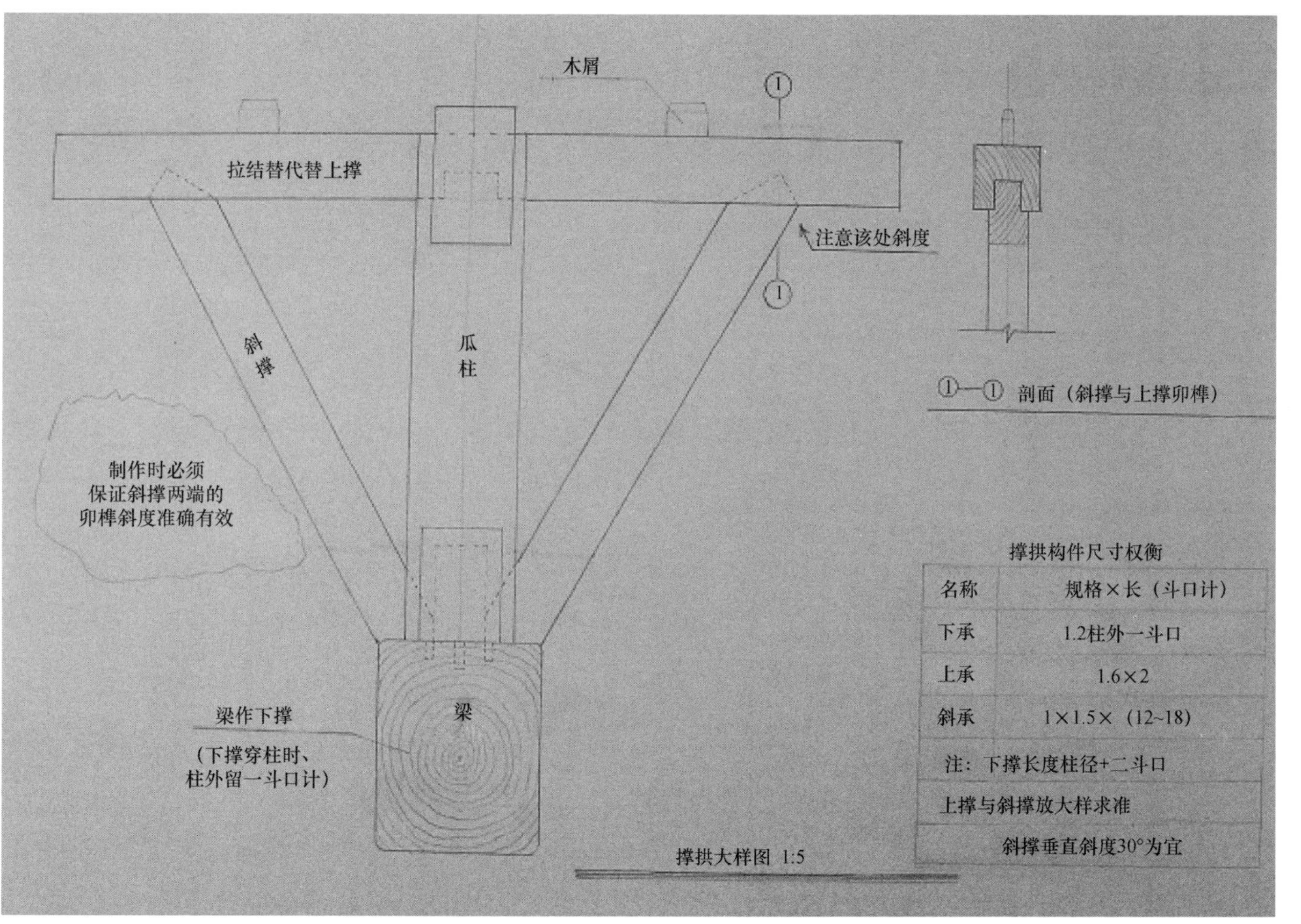

图 4.1.20 撑拱在瓜柱两侧的应用

图 4.1.21　撑拱使用实例（一）

图 4.1.22　撑拱使用实例（二）

五、梁头与拉结替（图 4.1.23、图 4.1.24）

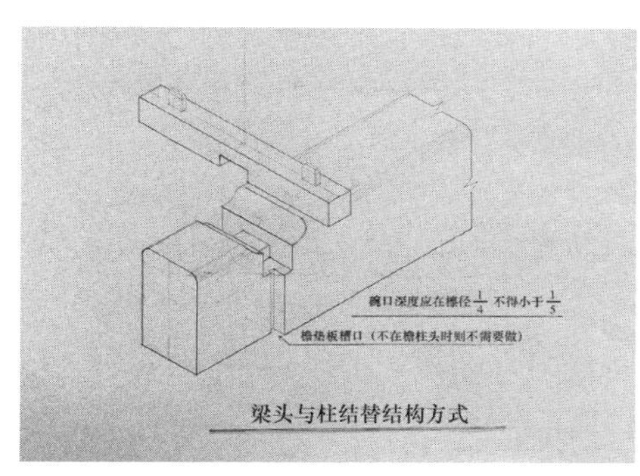

图 4.1.23　拉结替与梁头（一）

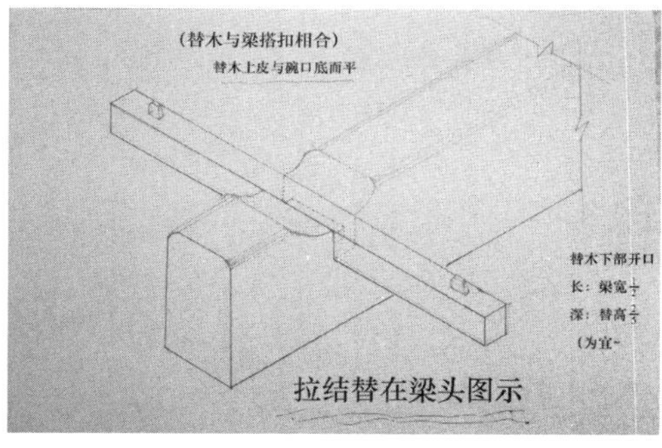

图 4.1.24　拉结替与梁头（二）

通常人们习惯认可随檩枋、通身替的做法，而拉结替的做法确实有很多可取之处，在山西民间传统建筑上使用较多。拉结替在古建筑大木构架中属于小构件，但是实际上拉结替的功能作用却十分重要，它不仅具有承载作用，还是檩条在梁头上的定位、拉结与稳定之关键构件。在制作安装方式上也很有讲究，设置适当还有增加檩端着力面积、减小跨距、增强檩条承载力的作用。

六、金檩脊檩下设枋做法

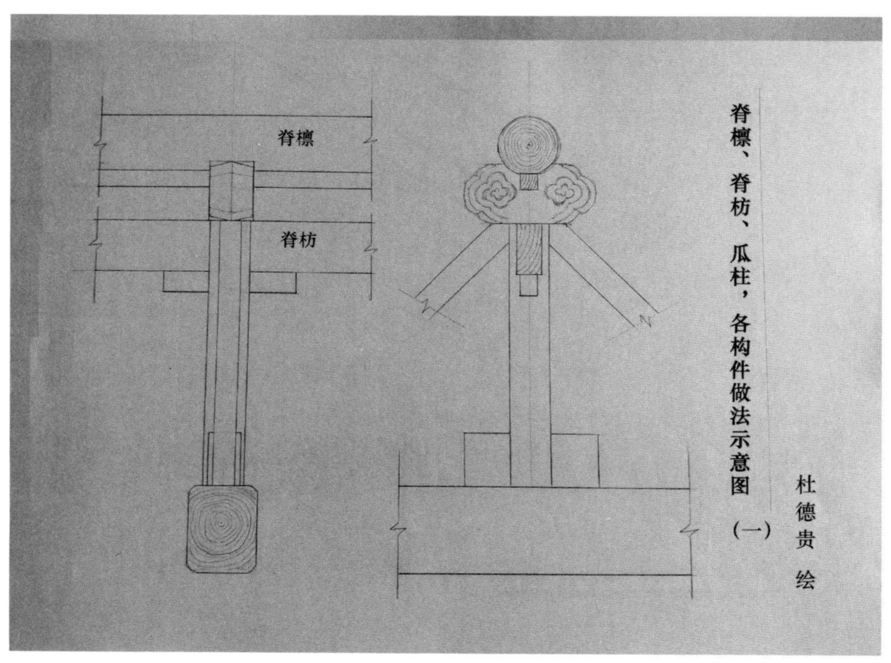

图 4.1.25　檩下设枋时瓜柱与枋的结构方法（一）

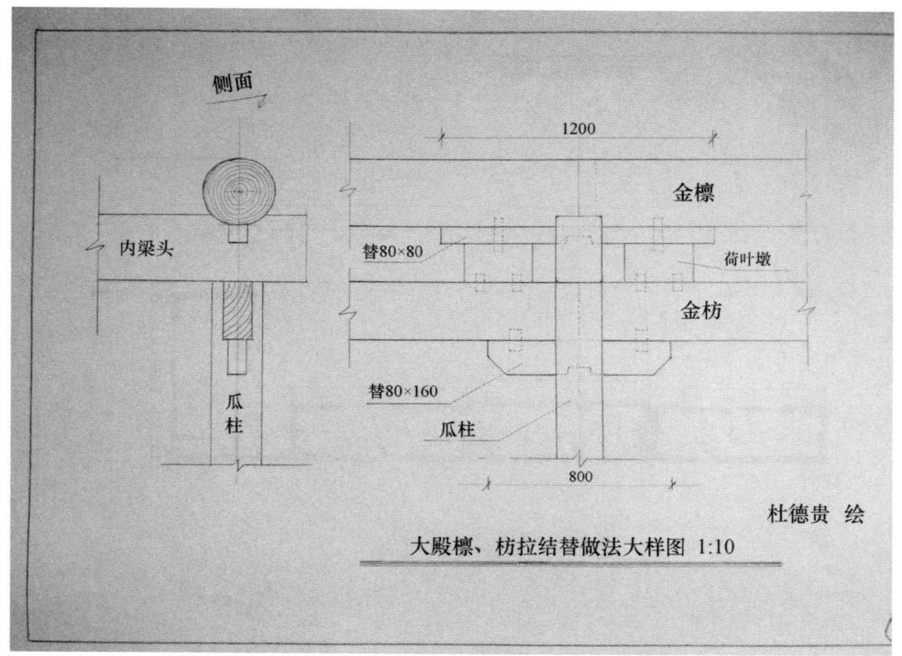

图 4.1.26　檩下设枋时瓜柱与枋的结构方法（二）

图 4.1.25、图 4.1.26 所示檩下设枋做法见于早年家乡旧四合院房屋结构，瓜柱头枋子下设有拉结替，不仅用于拉结，更重要的是增强和扩大了枋子在瓜柱上的着力面积与稳定性，通过荷叶墩支撑檩条、增强荷载力。

七、金檩、脊檩下设双枋做法

金檩、脊檩下设置枋的做法古来就有（宋代多用，图 4.1.27、图 4.1.28），在民间传统建筑上一直被采用，不仅设枋，还有设双层枋的。其主要目的是在一些厅堂建筑中明间尺度加大、檩条直径未加大时解决受力不足问题，这种匠艺构思“有效、可靠、值得学习参考，亦可以使用推广”。

（见于早年晋中民宅大院过厅建筑拆除拆卸时）

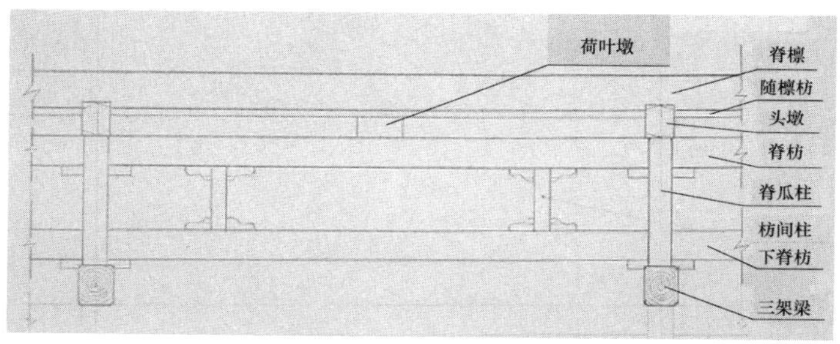

次间不设下脊枋时，明间下脊枋应当两边出头

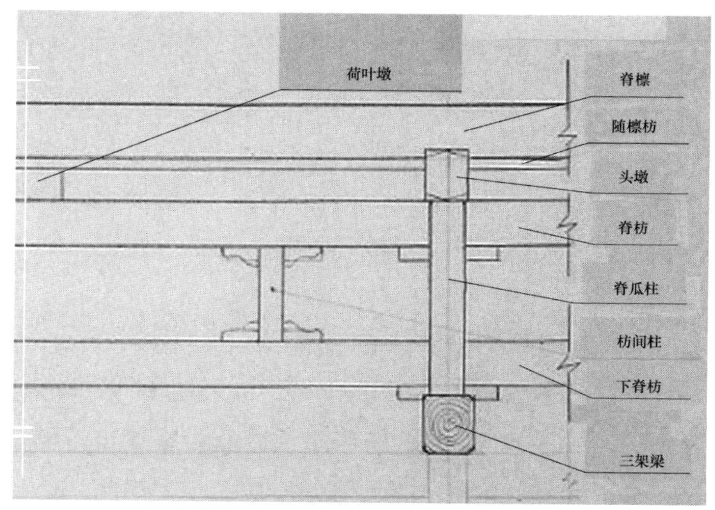

放大后半图显示

图 4.1.27　檩下设双枋时瓜柱与枋的结构方法

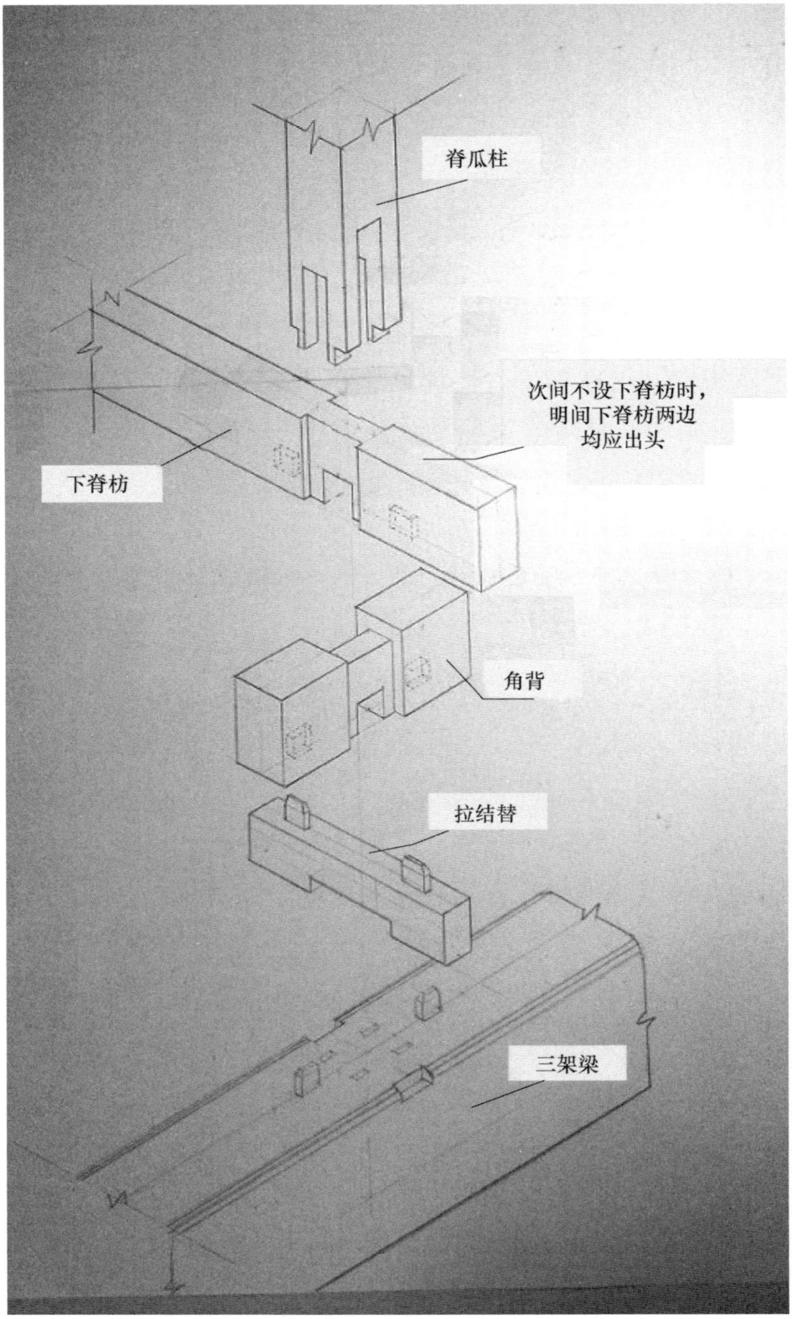

图 4.1.28　瓜柱脚与三架梁结点做法（此图含瓜柱下设枋内容）

从图 4.1.27 中看出，檩条跨度已经被两层枋子形成的支撑作用一分为二，也就是说原来考虑的受力跨距仅为一半了，很大程度上减轻或解决了檩条承载力不足的问题。

这一匠艺构思十分经典，又一次证明了中华传统营造行业民间建筑匠师们虽然大多数未曾读过书，但这些建筑作品遗迹体现出来的材料、结构、力学方面的智慧让后人十分敬佩。

八、主梁规格偏小、长度不足时的补救做法

图 4.1.29、图 4.1.30 中也仅是范例提示，实际操作中有很多环节可以充分发挥匠艺技术、技巧作用，综合技能经验、提高现场材料利用率或增强主梁承载力，以达到提高建筑质量、延长建筑寿命的良好效果。

①可以尽量利用现场材料来完成工程任务（发挥匠艺、节约成本）。

②充分发挥匠艺技能，增强结点构造承载稳固作用，恰到好处地细化安排构件规格，达到节约成本之目的。

③发挥匠艺技能，增强结点卯榫质量，提高结点构造的稳固性，进而提高建筑物整体质量，延长建筑物寿命。

延长建筑物寿命也是节约木材、节约劳动力、保护森林资源、保护地球环境的一项有效措施。

短梁短檩的使用与借长补短技术，在山西民间旧宅院建筑物上有时候可以见到，是民间建筑因材制宜节省成本解决问题的一种匠艺技术措施（图 4.1.31、图 4.1.32）。

笔者也曾跟师傅一起在建设集体房屋时成功地利用过一些短梁短檩。但用细代粗的梁檩使用实例还是不多见。

用细代粗的梁檩使用措施的目的在于因材就势节约成本，民间大木作匠师必须学会这一技艺。尽管有不少人忌讳使用重梁重檩，但还是有被逼无奈之下使用的情况。另外，也有其他方法可以采用，比如前面所说的“金柱掌拱”“斜撑支脊”等都可以考虑。总之，因材制宜、灵活应用、敢于创作才是匠师，不然仅是个工匠。

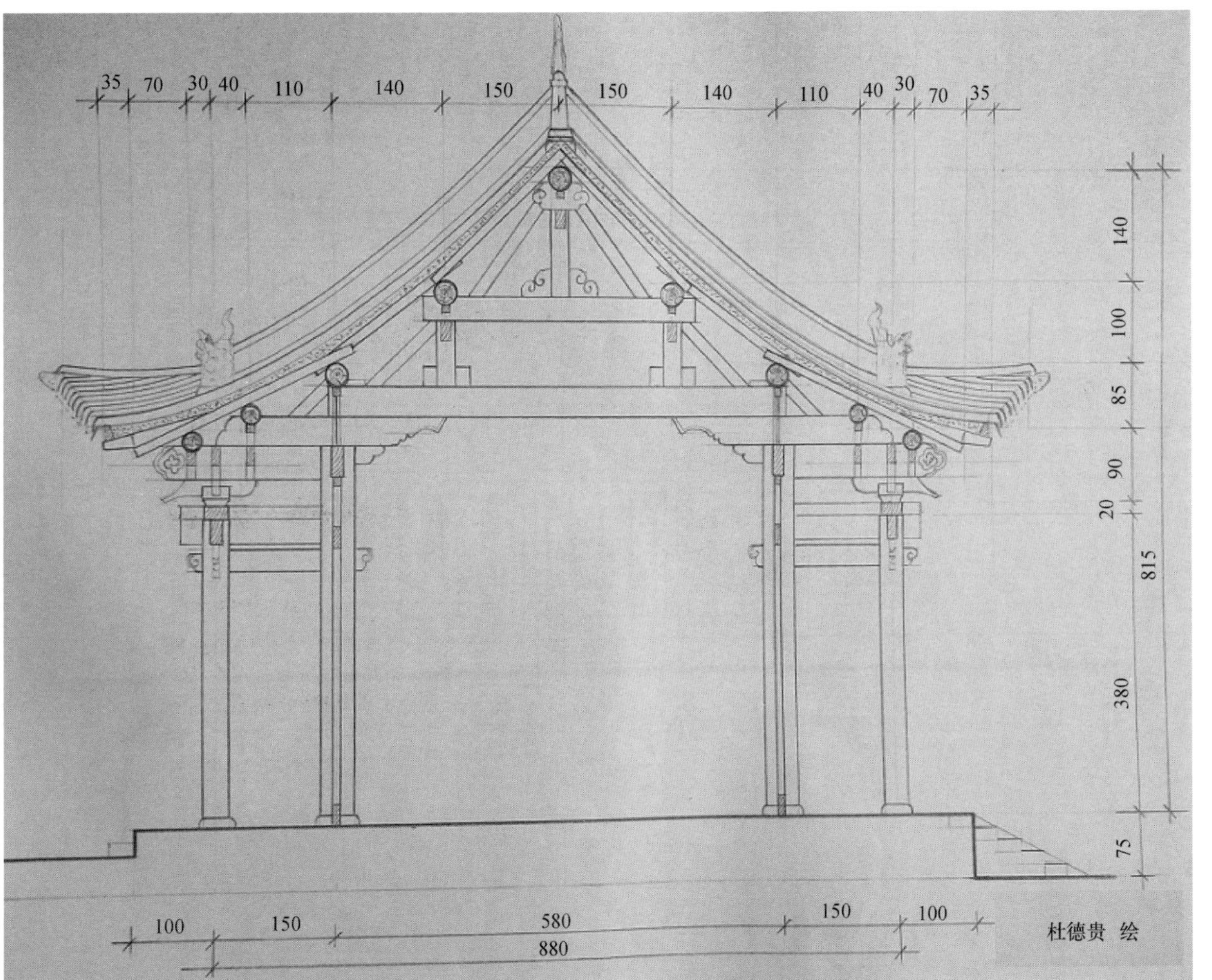

图 4.1.29 主梁规格偏小、长度不足的补救方法（一）

（此图说明“细梁当作粗梁用、五架梁受力跨距实际缩小很多”）

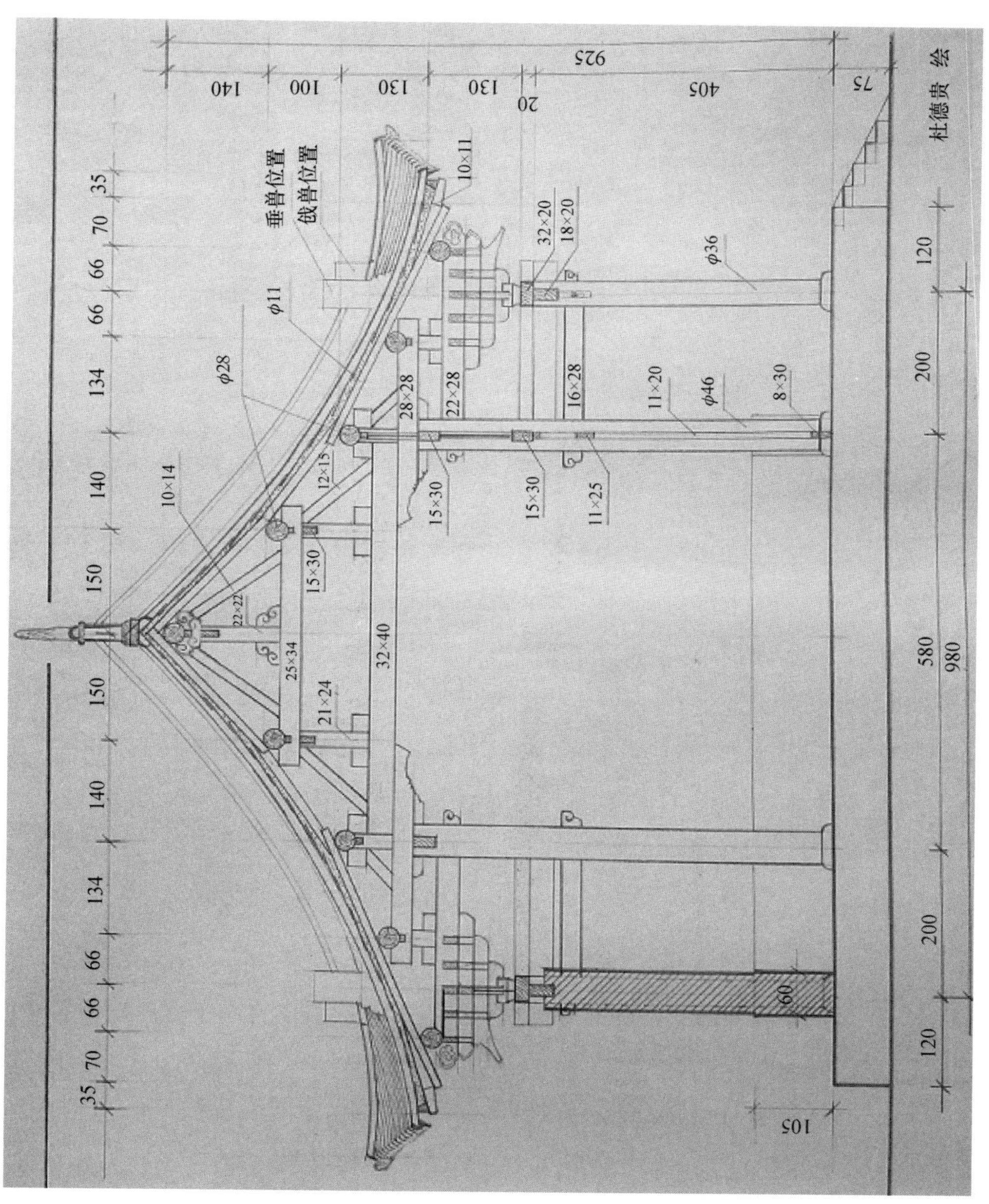

图 4.1.30　主梁规格偏小、长度不足的补救方法（二）

（此图说明“短梁当作长梁用，五架梁两端均无梁头仅上金柱中心”）

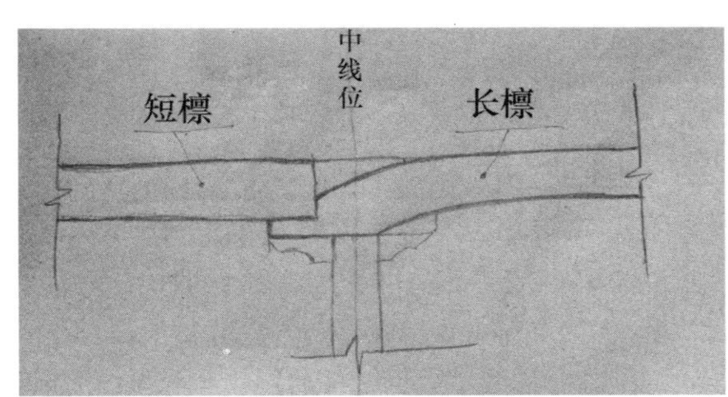

图 4.1.31　长短檁互补示意图

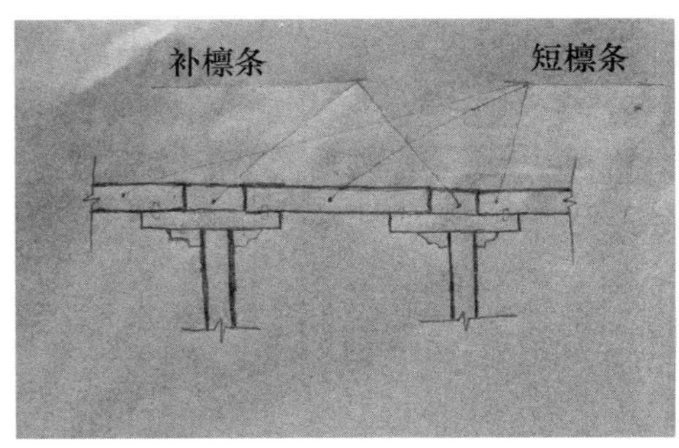

图 4.1.32　短檁长用示意图

九、边柱角柱的额枋箍头榫

额枋与边柱箍头卯榫基本要求：

（1）柱头开口宽度不得大于柱径的 3/10；

（2）额枋出头以柱径的 0.8 为宜；

（3）额枋前后开口，其宽度要计算，让两肩袖入柱中 20 ~ 25mm；

（4）额枋开口与柱头袖肩后保留部分应上下有溜乍（2%~3%）；

（5）柱子开口的前后面底部及额枋开口面均应当平整光展，用直边尺检测无凸凹现象、无伤损，保证在安装打入时规范、严紧、准确。

由于额枋与角梁头木材纹理关系，两构件定位联结的斗椿销上为方形、下为扁形，且在角柱头位置时下扁与上方呈 45° 斜角设置。

十、穿插枋后尾与金柱

穿插枋与檐柱、金柱的卯榫十分重要，关系到下架木结构的整体稳定性，实际上也是关乎整体木构架稳定的重要组成部分（图 4.1.33~ 图 4.1.39）。因此操作时要十分重视工艺规范要求，卯眼四壁平展、四角齐直、无凸凹、无伤损、进口切半线、出口留白边、靠尺检测、模板验证，榫头尺寸规范、大面小面都经模板验证、靠尺检测，达到严紧到位、溜乍适度。

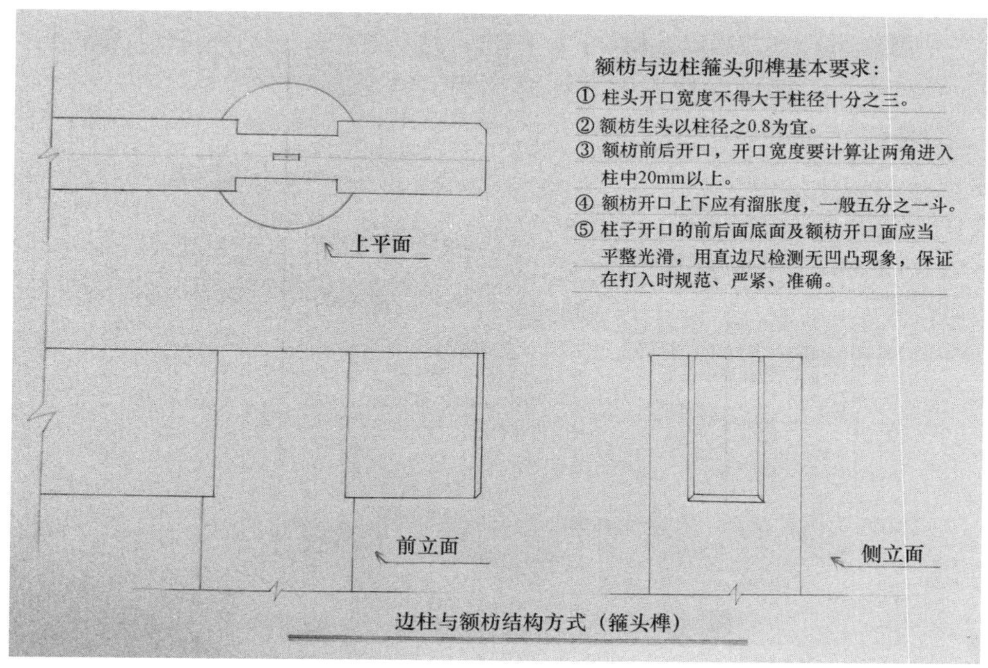

图 4.1.33　边柱与额枋结构方法

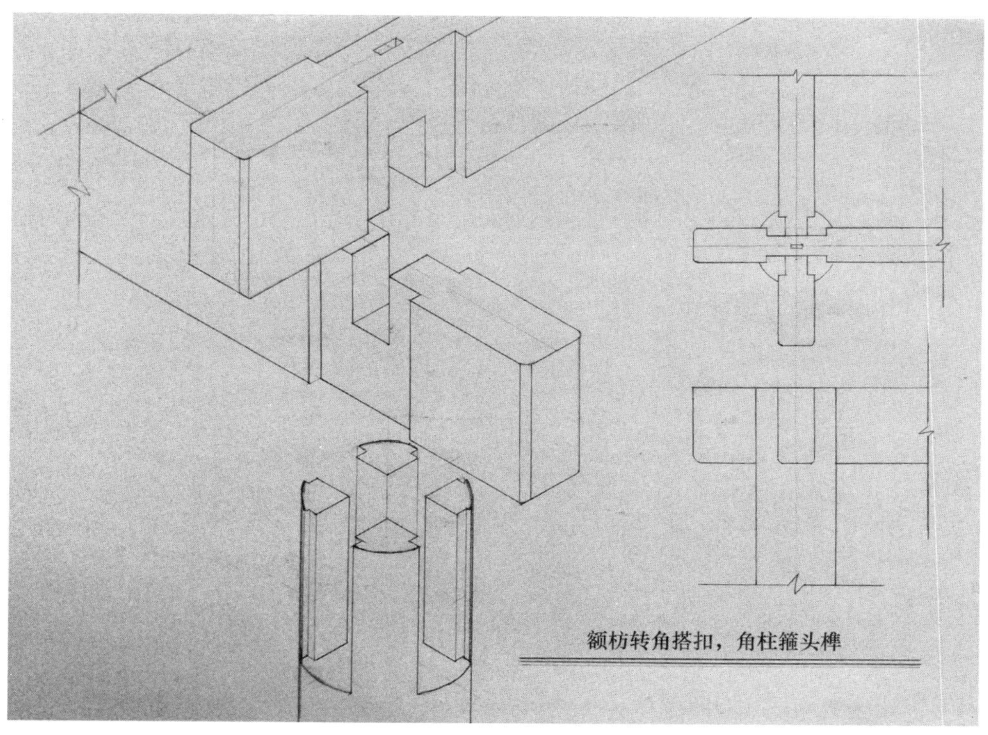

图 4.1.34　角柱与额枋转角“转角箍头榫”结构方法（一）

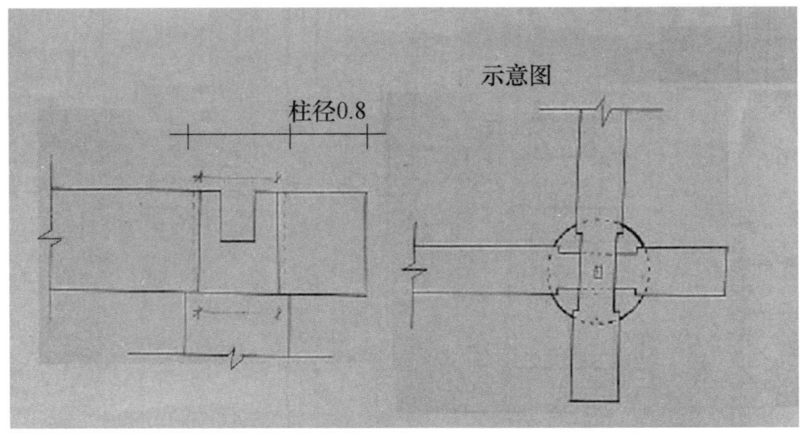

图 4.1.35　角柱与额枋转角“转角箍头榫”结构方法（二）

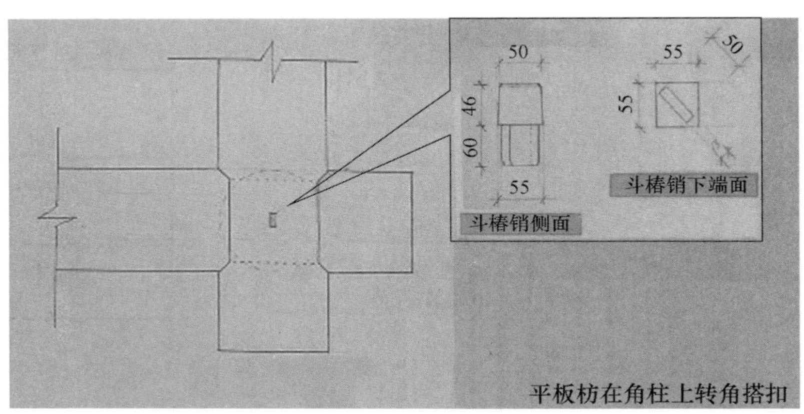

图 4.1.36　平板枋转角瘦腰搭扣结构方法

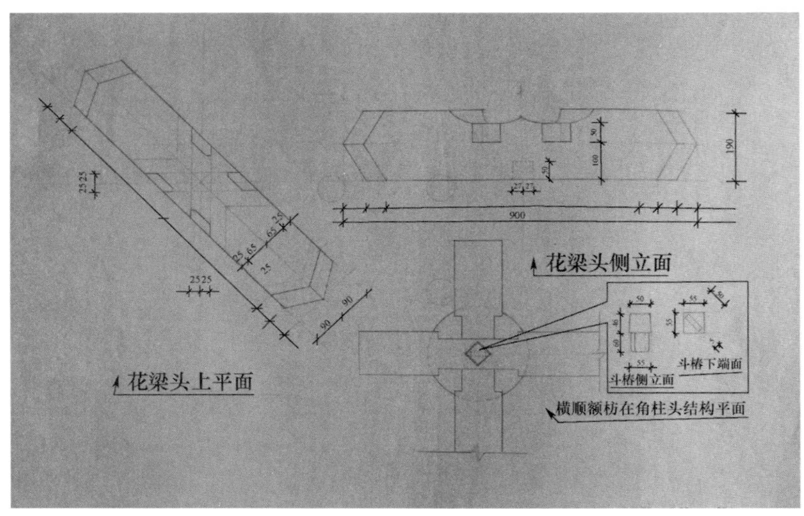

图 4.1.37　角梁头与角柱额枋结构方法

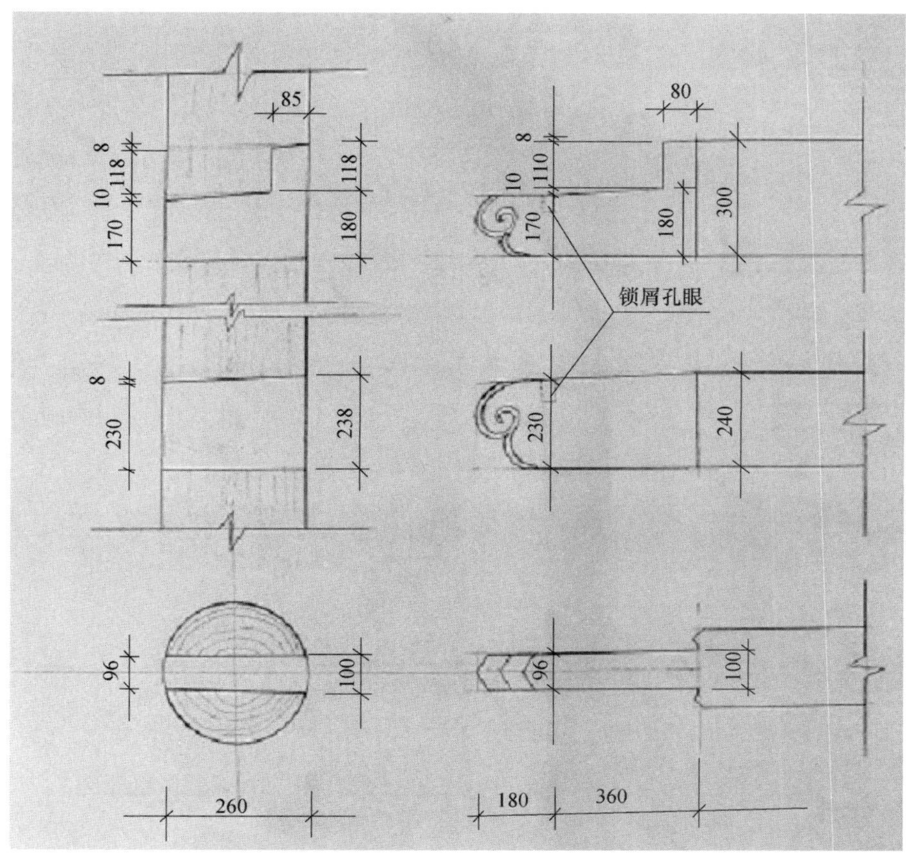

图 4.1.38　穿插枋与柱子卯榫结构方法（一）

前面宜紧，要木锤打入，后面稍松，绞绳绞拉时木锤加力打入，然后锁楔打紧锁定。

注意：

（1）金柱卯眼宽度不得大于柱径的 3/10；

（2）梁尾或穿插枋榫出头以榫宽的 0.8 为宜；

（3）柱眼内四面均应当平整光展，用直边尺检测无凸凹现象、无伤损，用榫头宽窄模板试验检测合适，保证在安装打入时规范、严紧、准确；

（4）尾榫合入绞紧到位后等构架安装全部完成、经校正后打入锁楔。

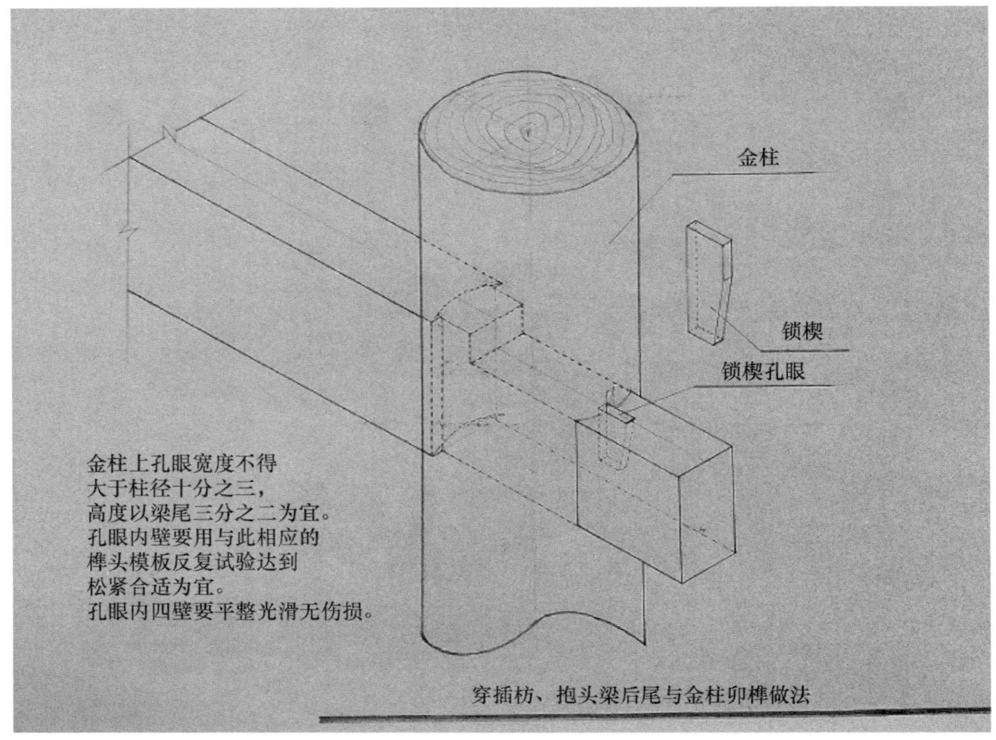

图 4.1.39　穿插枋与柱子卯榫结构方法（二）

十一、金柱撑拱作用的发挥与运用

金柱撑拱不是常规使用构件，是在有特殊需要时于额枋下面设置的增强承载力兼起拉结作用的构件，往往能起到可适当扩大开间跨度的效用，让本来计算跨度内断面规格不足的额枋放心使用。

也就是说，金柱撑栱可以在很大程度上增强额枋的承载力。其近似通雀替设置，必要时还可以做十字撑拱，以解决额枋或其他横向构件规格不足、承载力不够的难题。

在设置方式上必须注意要达到的承载目的与卯榫开口安装方式及外观处理效果（图 4.1.40~ 图 4.1.42）。

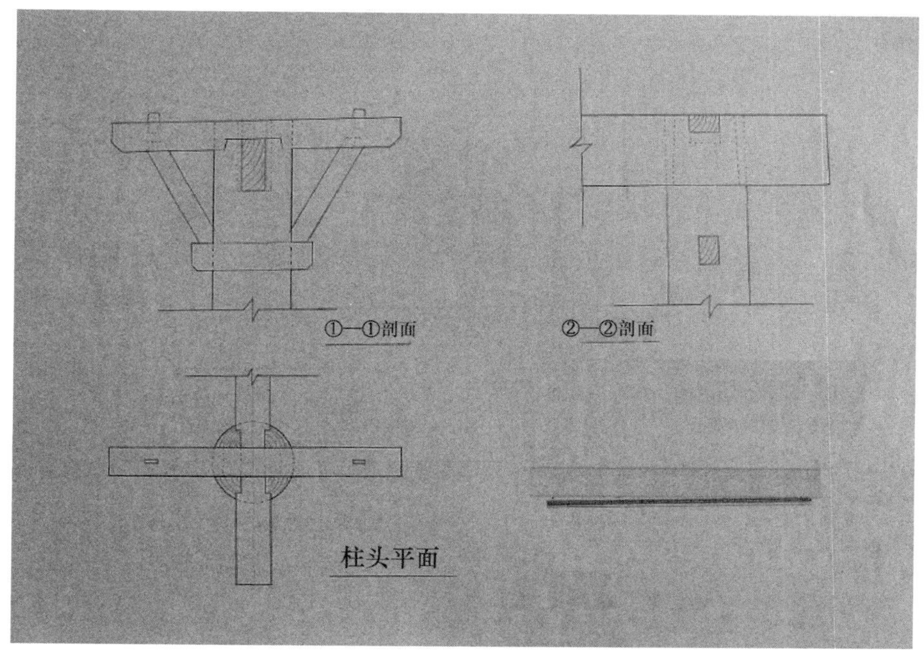

图 4.1.40　金柱撑拱示意图

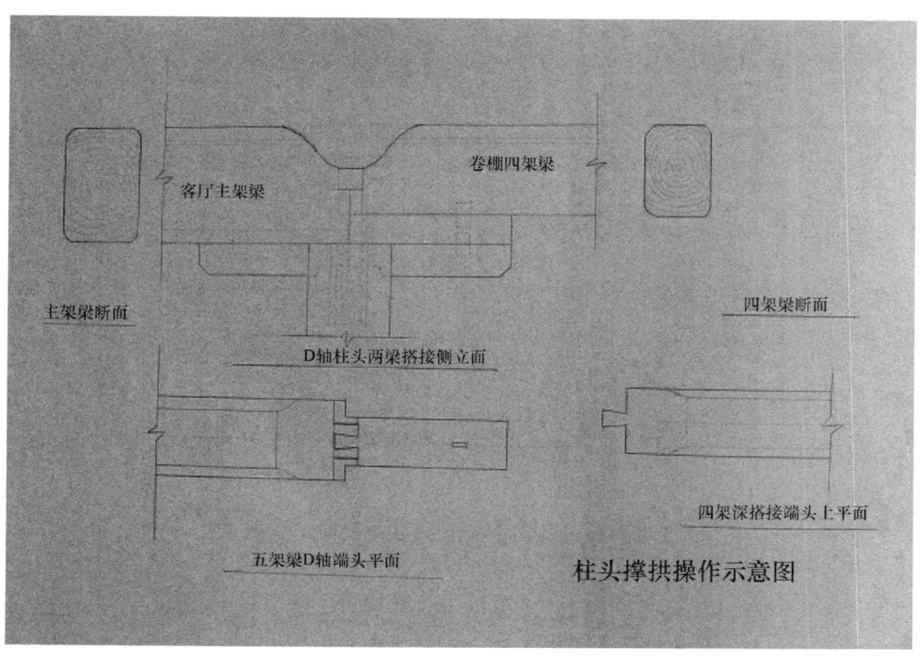

图 4.1.41　金柱替拱示意图（一）

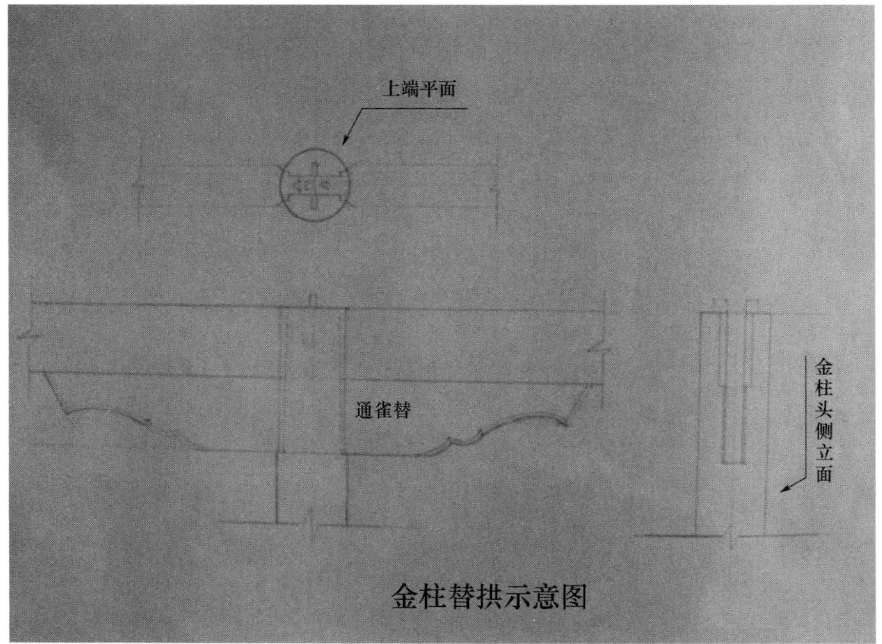

图 4.1.42 金柱替拱示意图（二）

十二、柱子墩接方法

柱子墩接是古建筑维修工程中经常遇到的情况，新做的柱子也难免会遇到。一般在柱子下端实施，接头不可过长，接口长度应该为柱径的 1.2~1.8 倍。接过的柱子一般用在墙中或不重要、不显眼的部位。接柱有“一搭一判”“十字莲花瓣”“锁簧扣”等多种办法，见图 4.1.43、图 4.1.44。重要的是卯榫严紧、牢固，结合后垂直稳定。

特殊情况下也可以考虑图 4.1.45 所示的镶条连接法。

十三、把出挑檐檩与额枋连为一体受力的简化斗拱

檐檩出挑离开柱位就不能与额枋共同承载屋顶重量，不设斗拱则形成檐檩独立承载屋顶重量，为此民间匠师们常采用简化斗拱的方法把檐檩与额枋连为一体形成一体受力。

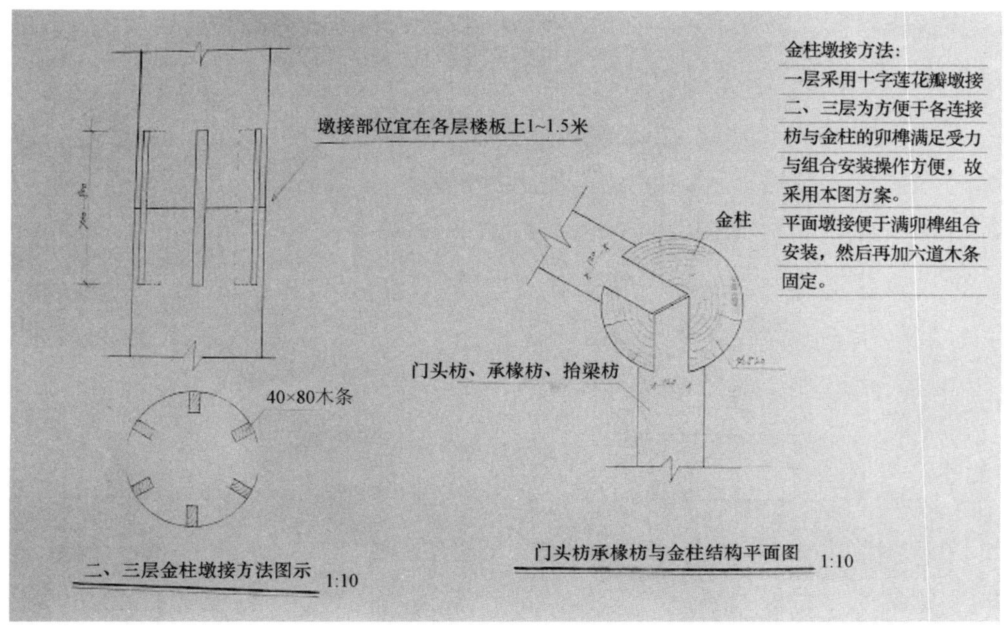

图 4.1.43　柱子墩接参考方案（一般采用十字莲花瓣）

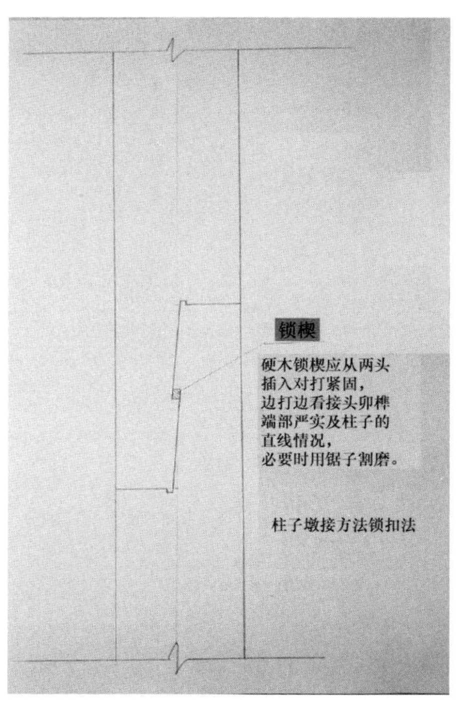

图 4.1.44　柱子墩接锁簧扣法

图 4.1.45　柱子墩接镶条连接实例

这样一来本不设斗拱的出挑做法、带撑拱出挑做法或明间扩大开间做法等，采取此法就相应有效地把檐檩与额枋连为一体承载受力了。

比如明间扩大开间尺寸，金檩、脊檩不加粗可以采用下设脊枋、金枋，而檐檩出挑后离开檐枋所在柱位就有必要采用此法，以形成合力承载。

简化斗拱可以不受模式限制，但须准确地放大样求准出挑与举步架尺寸，合理设置各构件之间的稳固结合方式与外露观感。

其做法示意图见图 4.1.46 ~ 图 4.1.48。

十四、原木梁的民间传统制作

原木梁制作工艺流程：①打截；②砍荒；③放线、定端线（包括上下中线、侧面平水线、底线、抬头线、各步架角背高位线）；④砍推底平；⑤续中

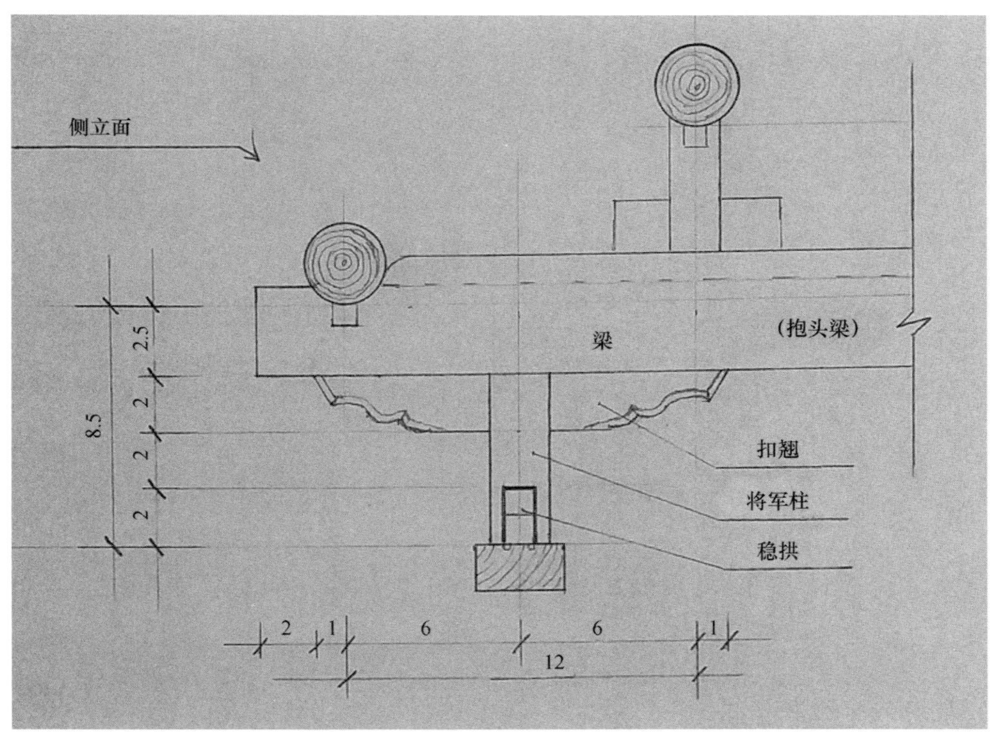

图 4.1.46　把出挑檐檩与额枋连为一体承载受力的简化斗拱（一）

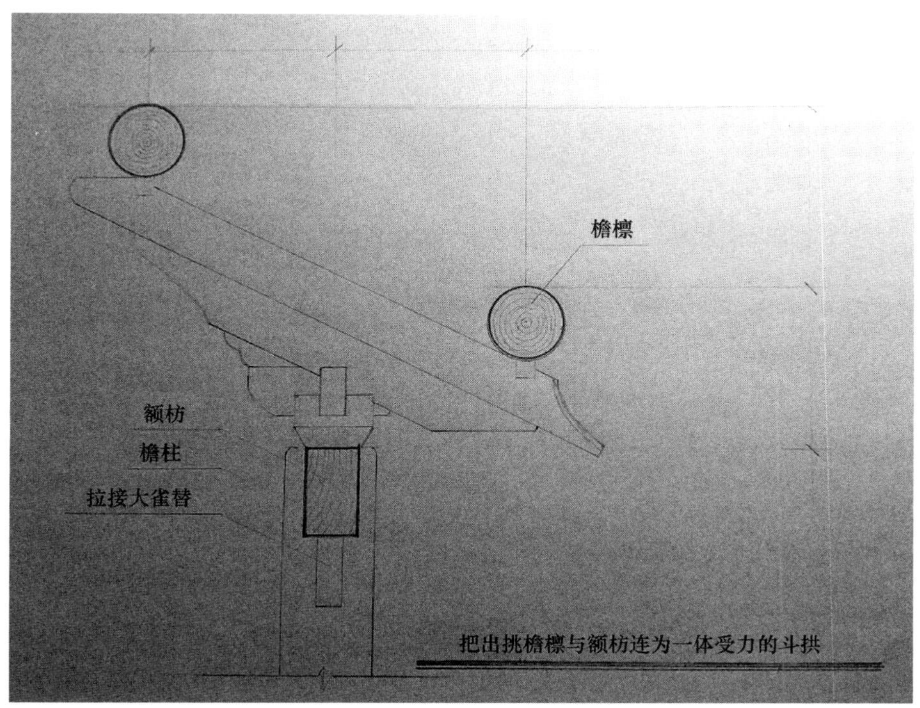

图 4.1.47 把出挑檐檩与额枋连为一体承载受力的简化斗拱（二）

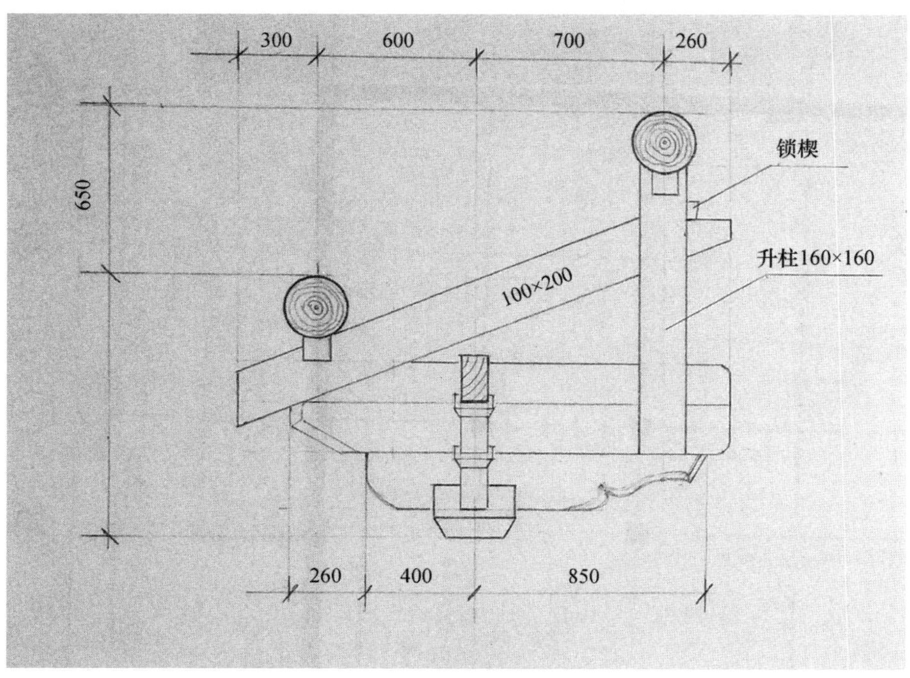

图 4.1.48 把出挑檐檩与额枋连为一体承载受力的简化斗拱（三）

线；⑥画底面线；⑦打梁底面柱头榫眼；⑧转梁身，开梁肩，砍推梁头侧脸；⑨再转梁身使梁上下放正，开出梁头檩口与各步架瓜柱垫墩位，打凿必要销眼；⑩切梁头，切后要续通端线；⑪净梁身，初步制作完成要砍去余角，用刨子净光，然后复弹主线；⑫标写定位名称。

由于民间传统古建筑工程的用材条件局限性较大、各地方民俗文化差异及主人经济条件不同，匠师匠艺手法也必然要灵活。例如：一座建筑的几根梁会出现材质不同、规格直径不同、形状不同，或者有带弯弓的、长度不足的，出现这些情况时带班匠师需具备必要的匠艺技术和丰富的处理经验。

类似这些，就不同于规范化、模式化的普通技术了。

十五、原木柱的制作

原木柱的使用与原木梁基本相似，制作流程比原木梁简单。

原木柱主要用于墙中柱，外露明处时还是要加工成型的。原木柱的使用主要遵循因材制宜、节约成本，发挥匠艺技巧，利用现场资源。

利用原木制作梁、柱子构件不同于按设计要求统一下料、由带锯开出的制材，无论原木是直的还是带弯，必须抱中放线、梁弯弓向上、柱弯弓顺墙，依中线找角度切齐头脚。

旧时民间传统古建筑匠师们不同于现代打工者，更不是车间生产流水线上的工人。

传统民间古建筑工程操作不同于现代工程要执行国家技术规范，传统民间古建筑工程操作在取材上存在各种变化与局限，材料、材质、规格等难以统一，在建筑功能要求、体量形式设想、档次规模等方面也是千差万别。这就对匠师们提出了诸多要求：必须因材构思，必须结合每项工程的具体情况，并针对其中存在的具体问题作出相应的技术处理方案。

比如下列几种情况：

①弯梁、弯檩、弯柱的利用技巧；

②梁、檩、柱等个别构件长度不足的处理措施；

③个别或部分主要大木构件规格偏小时的加强方法；

④同类构件材质、规格不统一情况的相应解决办法；

⑤主人的具体要求与场地、环境、材料局限性问题的技术处理；

⑥过去施工方率队匠师是凭业绩积累、声誉、人格品德等实力接手工程；不同于现代施工方是凭营业证、资质，并以经济承包方式接手工程；

⑦过去民间几乎没有设计图一说，民间匠师要首先领悟工程业主的目的意图，提前表述自己的理解意思（必要时对重要建筑做出小样进行沟通交流，大多数情况是参照别处已有建筑模仿、调整改进），达成共识后再动手操作；

⑧匠师接手项目开始操作工程，步步皆是技术、技能、技巧、技艺和人格良心、师徒班整体素质的展示和体现过程，虽然没有经济承包的压力，但名誉是关乎长远发展和长期生存的关键问题，更是人生一世的追求之核心，不敢有丝毫大意。

另外，许多技术均必须在保证质量的前提下既展示匠艺技术又要赢得主人和相关人士及周围众人的认可和喜欢，也确实不是一件容易的事情。在需要技术水平的同时，还需要师传及自身经验与创新能力、材料力学知识的灵活运用以及同伴们的支持、认可和信任。

本章列举的一些传统民间匠艺做法可以根据需要参考选择运用在重要项目、优质工程、主要关键结点，以提高工程质量，延长建筑物寿命；亦可以用于体现和展示匠人匠艺技术与匠德品格方面。

中国古建筑民间匠艺技术是中华优秀传统文化的一个组成部分，它有着深厚的民间匠艺特性，千百年来代代相传，不断地变化发展进步，留下了很多优秀的匠艺作品。

其实民间古建筑匠艺技术、技能、技巧不是仅用文字与图片就能完整表达的，尤其是那些历经师徒相传，本人又有着多年设计施工一体化操作丰富经验的匠师的技能技巧。

它是一种艺术，有时候整体展示于形式，有时候局部体现在结点，有时候看不清、说不明，它需要依靠自身年久存在而让后人慢慢体悟。

它或许是整座建筑，或许是局部形式，或许是某点构造特色，或许是某处结构特点，或许是某个装饰亮点，也或许是外表不显的卯榫结合工艺。

它依靠传统匠师们用心凝结于建筑作品而留存传世。它要靠徒子徒孙及后人们用心体悟、执著研究、操作运用而继承。

书籍、图文仅能够传播一些概念知识与模式化技术内容。匠师艺术则是一种包含情感、观念、习俗、哲理、物理、力学、地理、气候、方位、经验、见识、体会、技艺的固态艺术。

古建筑民间匠艺技术是很有挖掘开发价值的传统营造技艺文化，当您把一份普通设计院完成的木构古建筑施工图交由一位匠艺深厚的匠人师傅去修改深化后，您就会发现其中的效益与结果：要么有直接的用材数量节约，要么或因调配材料品种而降低成本，要么会因微调结点构造做法而明显地提高建筑物质量与寿命。

传统古建筑在旧时民间有很多的局限性，除严格的等级制度外，更主要的是经济基础薄弱带来的用材选择限度。

当然其也有很多灵活方便之处，例如不受官方模式限制，可有较多的匠艺技术灵活发挥、巧妙体现，有时很多的匠艺技巧也是被条件倒逼出来的。

由于材料的局部缺陷或部分达不到要求，匠人师傅不得不重新构思处理方法、搭构方式，这就要求传统民间匠师必须具有高超的匠艺，不仅要有方法、有经验，更主要的是要有质量保障。

在这种情况下，就必然会造就一批又一批的民间古建营造优秀匠师。

笔者早年在拆除很多传统建筑与拆卸大量传统建筑构件时，见到过多种大木榫卯结构方式及其工艺质量，过去民间古建筑营造匠师们精湛的手法工艺及精益求精的专业精神，不由得让人对传统匠师产生敬佩之情。

有些结构做法确实有着很重要的传承价值与保留发展之必要性。

匠有德技熟艺高营造精美楼阁后人赏用
商有道运顺财发志在公益乡里惠及乡民
1.檐柱 2.角檐柱 3.金柱 4.抱头梁 5.顺梁 6.交金瓜柱 7.五架梁
8.三架梁 9.太平梁 10.雷公柱 11.脊瓜柱 12.角背 13.角梁
14.由戗 15.脊由戗 16.趴梁 17.檐枋 18.檐垫板 19.檐檩
20.下金枋 21.下金垫板 22.下金檩 23.上金枋 24.上金垫板
25.上金檩 26.脊枋 27.脊垫板 28.脊檩 29.扶脊木 30.脊桩

第五章 传统民间古建匠行口传文化

第一节　歌谣、歌诀、名言

一、民间传统匠师留传下来的部分技艺口诀

民间匠艺老师傅们留下的部分口诀：

卯榫不可倒置，大小定要适宜。
定位拉接分清，溜乍须当适度。
易入能紧可靠，安装组合候时。
木锤适力打进，结合严紧合规。

完成榫卯溜乍的几步操作要点举例：

（1）开榫头、用锯法口诀：

开榫头、有要求，运锯规矩记心窝；
上手念、下手听，两人务必一条心；
下锯走里留白线，渐而走里靠线行。
接着听、要认真，
走线里边扫半线，渐扫全线切里行；
相应位段走正线，关键还要向外行。
记口诀、心要明，
榫进卯眼紧不崩，易入能紧是本根；
锯不好、修费工，不合要求损福根。

（2）柱子上打眼操作口诀：

圆柱打眼须放正，端头宜把标杆钉。
凿眼须分进与出，通眼适度先打透。
四壁留毛后整出，修整眼壁用靠尺。
进口四周切半线，出口四周留白毕。
宽窄模板为依据，松紧把握看木质。

长木匠、短铁匠，
不长不短是石匠。
木匠看尖尖，瓦匠看边边。
立木顶千斤，横挑挑一人。
干砖不上墙，湿木不做门。
千日斧、百日锛，
刨子三年见真功，
学拉大锯一早晨。
手拿工具不像样，算料画线轮不上；
算料画线不出差，房型定样轮你上。
三年学艺、三月补艺，何时出艺、看你手艺，
先成实功夫，后轮你说话。

长木匠、短铁匠，不长不短是石匠。

说明不同行业和加工对象特点；也说明木工配料及部分工序（如榫头长度等）要留有一定的余量；宁长勿短、宁大勿小。类似谚语："木匠不怕长，铁匠不怕短。"

木匠看尖尖，瓦匠看边边。

尖即角。层架的放样与制作，按切削角度安装刨刀，锛子的制作、锯齿的锉磨等都会有各种各样的角；尖也指木工卯榫结合操作中割肩拼缝的操作质量，以此衡量其手艺高低。卯榫的好坏不仅代表质量高低，同时也反映木工在翻样、识图、选料画线和加工等方面的知识和操作水平。可见这些角是木工技术的关键。

大木匠放线不离中，小木匠刨料要求精。

传统木匠分为几个类别，如造房子的为大木匠，做家具装修的为小木匠，箍桶做盆的为圆木匠。这句谚语讲的是不同类型的木匠基本功要求不一样，说的正是匠艺的关键主题。

木匠的斧子瓦匠的刀，单身汉的行李大姑娘的腰。

这句话表达了匠人对工具的保养和爱护（如：斧子是不可以借给他人

用的）。

干千年、湿千年，干干湿湿没几年。

这句话形容木材的抗腐特性。

立木顶千斤，横挑挑一人。

这句话形容木材竖向与横向抗弯性能大小不同的特性。

干砖不上墙、湿木不做门。

木工、瓦工操作最基本的要求。

千日斧、百日锛，
刨子三年见真功，
学拉大锯一早晨。

此口诀是对木匠工具使用基本功到位的大体总结，也说明匠人运用工具要想得心应手是需要下功夫练习的。工具的制作、维修、保养、使用，是有一定规矩和讲究的。旧时匠人讲磨刃锉锯不误工，是有一定道理的。

手拿工具不像样，算料画线轮不上。

优秀的匠人对工具的使用维护很有讲究，从使用和维护工具上就能判断出一个匠人的功底深浅与匠艺成熟度。

算料画线不出差，房型定样轮你上。

一个成熟的匠人，不仅要有好的操作功底，还要有勇于担当、认真操作的责任心。有优秀的工作成绩、优良的操作工艺、优美的建筑作品，才是匠人成名的根本出路。匠人只有成名才会有人跟随学艺，从而渐渐壮大团队把自己推到领班的位置上。

三年学艺、三月补艺，何时出艺、看你手艺。
何时出徒、何时成匠，能否出名、因人而宜。
学艺、练功、生窍、得诀，
先成实功夫，后轮你说话。

在传统工匠中，人们认可的是匠艺功夫与累积成果。匠人要想领班带队没有出色的功夫与优秀的成果是绝对不行的，外行人是不太可能管理领导得了有优秀匠艺技术的专业人员的。

若干年来，古建筑匠师们就有很多技术技艺、习俗讲究和规矩一代一代地传承着。

大木立架须慎行，
事先验合细用心。
架下验合不用心，
上到架上累死人。
误时费工又丢脸，
师傅功夫何日成。

大材不小用，操作须认真。一旦有失误，伤德又败信（兴）。主人损财物，自己损儿孙。

千日斧、百日锛，学拉大锯一早晨。

这一句话说明了斧子使用之功对一位木匠而言的重要性。刃砍、钉钉子、打凿卯眼等，没有手里功夫谈何容易？

斧把三把长，刃砍钉打正好拿。
斧刃常锋利，干活才顺利。

这句话说明斧子是需要经常修磨、随手常带需要保护的。

锛把九把长，在手正好拿。
若问锛刃怎样装，锛头先把锛把装，
把尾刃口一条线，刃底与线直角方。
锛刃需要常修磨，刃底平展上木头，
刃口锋利木头怕，刃坡角度适当留。
学徒三年常修锯，锉磨两眼紧细盯，
然有再用师傅锯，省力顺手锯轻松。

这里不仅是知不知、懂不懂的事，更重要的是修整料路、锉磨锯齿时手上功夫与针对所锯材料的多年经验。

千日斧、百日锛，刨子三年见真功。

可见刨子不仅有很多种类与不同功能，更重要的还是操作功底决定刨出的水平。当然也是不能忽略刨子的制作维修及刨刃修磨的重要性。从认知了解、使用锻炼、掌握摸索、经验积累，到功夫到位、得心应手，是一个步步升级、慢慢提高的过程。

学徒三年常做刨，
好用难用自知道。
斜度诀窍师早告，
师傅爱刨还想要。

这说明总有一些环节之技艺是需要经验积累才能弄通的。

刨子斜度歌：

斜六分，推不动，
寸倒寸来最省劲；
斜得少来抢茬少，
斜得多了受不了；
斜七分，正好用，
斜多斜少看做啥。

凿打卯眼是木匠的基本功：

师传歌谣

凿眼前，料放平，凿子立正手用功；
凿定位，斧头跟，斧头一离凿晃身；
一斧浅，二斧深，三斧四斧紧习跟；
每斧凿子晃几下，又出木渣又活灵；
不晃不动凿不成，两斧打下如钉钉；
左手凿子右手斧，凿晃斧摇齐用功；
弄不好、斧落空，打在哪里哪里疼；
凿孔看似小小事，没点功夫干不成！
小眼凿打一次成，大眼凿通修整成；
修整卯眼靠尺拿，四面平展无损伤；
进口切除半条线，出口适度溜乍拿。

大木构件安装歌谣

制作完成、标写名称，排列序号、定位授封，对号入位、归位尽忠，先内后外、由下而上，下架装齐、丈量验架，吊直扳正、码戗固定，上架构件、顺序安装，中线相对、正梁固架，大木装齐、再装椽望；
砌墙固戗、屋顶料上，灰背泥背、瓦垅铺瓦，脊兽安上、方可撤戗。

歌谣表述了立架过程的基本内容，强调立架过程中要及时校正修整构架并做好迎门戗、十字戗码杆及时固定。

屋面施工顺序要合理，且在开始前做好必要的码戗固定和临时支点，待屋顶工程完工并基本干燥后再行完全去除必要的支点与码戗杆。

古建筑工程施工，手工操作量很大，匠师的技艺水平与工程质量、建筑物寿命有着直接的关系。故要求领班匠师不仅要能识别木材，懂得木性，熟悉建筑结构，更要具有熟练的操作技艺和丰富的施工操作经验。

古建筑文化、古建筑知识及一般的古建技术可以通过书面和图文的形式来传播学习，但古建筑施工中的部分技能、技艺、操作诀窍则不太可能通过书面、图文完整地传承下去，它需要在实践中钻研、摸索，并有必要的支持，以师带徒的方式来传承发展。它需要有人愿意去学。

知，不等于会！会了常做才能熟，熟能生巧，巧至而精，步步求精，优质工程才可形成！

这就好比刚会背菜谱到成为一名好厨师是要有一个过程的。

记住一首歌的歌词，不等于就能唱好这首歌。

把工艺技术理论学会了，但动手操作没有功夫是做不好卯榫的。

这如同虽能读通名人的词句，却很难写出名人一样的书法字迹。

建筑寿命的延长是节约木材的有效途径，同时也是保护森林资源、保护人们生活环境的重要环节之一。

二、传统匠师论说古建筑

古建筑工程操作本身就是一项继承保护与弘扬民族建筑文化艺术的过程，亦是一项创造和改善人们日常活动空间环境，造福大众百姓、造福子孙后代的过程；更是一项实施和体现出资者卓见与功德、展示施工者才艺与品德的过程！

在大木作方面，我们把古建筑认真疏理一下就会发现一个重要规律：

①建筑形式：形式服务功能要求，形式依构架承载体现。

②建筑构架：构架服务于形式，构架承载着形式。

③建筑构件：构件服务于构架，承载着构架完整性。

④构件卯榫：卯榫服务构件功能，承载着构件使命。

⑤卯榫形式：服务设置性质要求，承载着稳固使命。

⑥卯榫工艺：服务卯榫存在性质，承载着卯榫完整功能。

上面这几项虽有大小、内外、先后之分，却同样重要，都存在形成规矩、形成技术与习俗文化操作艺术的含量，相互间又形成一个整体，环环相扣。好比一个五尺高的壮士，其身上只要出现一处几分深的伤口，就会失去正常的活动能力与精神兴趣。

过去古建行业师徒传承，学习上由小到大、由内而外，重视质量，主抓操作内功，能全部掌握并非容易，少数人能成熟到位算是成功。

其优势在于设计施工一体化负责。

如今从事古建的人喜从大处开始，注重外观形式，构架形式虽能明确，但具体构件结合卯榫大多忽略，不追求全部掌握，把施工技术操作交由工人完成，忽略和放弃了卯榫结合方式与工艺要求的重要性。

设计施工若不能一体化负责，必将直接影响建筑质量和寿命。

关于大木操作时必要的卯榫溜乍：

古建筑大木构架各接点卯榫操作中的溜乍艺术是传统营造匠师多年积累的操作经验，是师徒代代相传的核心匠艺中的重要组成部分，掌握处理至精确到位是顺利组合安装、保证建筑质量十分重要的一个环节。

卯榫溜乍是匠人师傅的技艺诀窍，一般不体现在画线操作上，更不会出现在设计图中，全凭操作把握。经验丰富的匠人师傅能做得恰到好处，可使卯榫结合时易入能紧、安装方便、结合紧固，极大地提高结合效果。

在过去，卯榫制作是匠人技艺与人品的核心，卯榫结合的质量直接影响建筑物的寿命，也直接体现操作者的技艺水平和匠艺良心。

作者回忆学徒时代跟着师傅去拆卸古建筑旧构件的一些情况及老师傅经常念叨的一些口诀发现，传统古代建筑对卯榫工艺是很有讲究的。师傅经常提到他们早年建造时，榫卯制作要认真细致、规范合理、易入能紧、严丝合缝、木锤适力打入、尺度准确到位。

比如一座四角亭，四根柱子与四根额枋立架安装到位后，如同一个大型木墩椅能独立站稳，匠人敢在额枋上行走。戗杆固定是为上面再操作增强稳固保险。

就古建筑工程整体而言，油饰、彩绘、雕刻、装饰等似其衣服，屋面瓦、墙体、门窗、台座等似皮肉，大木结构构架似其骨骼，大木构件结点卯榫做法似其内脏，各结点卯榫结合工艺才似其内在精神品质，直接体现和影响着一座建筑物的健康与寿命。

这个说法留传已久，虽不十分形象，却很有道理，反映出传统民间古建筑匠师们对工程质量的责任心与匠德情怀。

三、民间传统古建筑大木作匠师名言

构思操作一体化，师徒兄弟一起上，
构架精美匠艺亮，精工惜料不能忘。
构件完成始立架，如同人身骨头架，
卯榫结点比内脏，良心要在榫卯上！

师传歌谣：

嘴说不算才能，动手才显真功，
活计精干漂亮，技艺前程无量。
你说你行不算，他说他好别听，
活计完成众评，美丑竖耳细听。
造车马拉出行，载人运货雨淋，
三年五载稳固，方见手艺真功。
造亭园中立定，赏景自有贵人，
日久年长稳固，艺秀自有人评。
造殿要传几百年，木构骨架挺寿延，
主人虽把精料选，匠艺匠德卯榫间。
造房工料筹资艰，精工惜料必当先，

主人意传儿孙辈，匠人积德好晚年！

四、终身难忘的匠师名言

早年师傅曾讲过，他的师傅对学艺出徒的弟子有几句警言："出去凭技术打拼，一定要做到：不争、不斗、不醉；不睹、不抽、不嫖。"①

这句话不仅包含了平安的愿望，也能减少意外的烦恼。

"咱匠人未曾上学读书，识字虽然不多，
但咱不能不懂道理，不能不懂规矩。"
"做事不愧良心，顶天立地做人。"
"只要技艺超人，人敬似如乡绅。"
"进士文章秀，匠师殿堂雄。"
"良医起死回生，好匠楼阁翻新。"
"官求一世好名声，秀才读书苦用功，
医除疾病精心理，商盼早日财运通，
匠人习艺终身事，德高技深徒聚门。"

老师傅的几句话，够晚辈们受用一生了，也包含了匠艺人代代生存之道及做人规则。

早年师傅从他师傅那里传流下来的一首歌谣：

士农工商，化分百行，
各选自便，修学入行，
用心经营，求生养家，
刻意奋力，亦可荣堂；
为官亦好，求学也罢，
经商求富，种地掌家，
学医除病，为匠建房，

① 意思是：不与人争利益、争高低，不与人斗胜负、斗心眼，不可贪杯醉酒，不允许抽大烟，不可以赌博，不可以嫖娼。这几条只要犯一条则不是一个完整好人，更不免招来灾祸，令父母担心。

无论干啥，均须利他，

只是利己，总无下场。

此歌言简意深，教导徒弟们人生在世无论从事哪个行业都要识大理、懂因果，先利人、后利己。

五、匠艺以匠德为根，匠德是匠师的魂

技艺成熟、匠德到位，不由得名气外扬，周围慕名联系要送子弟来拜师学艺的自然会多。

徒弟成群，日久而能和谐、安然、互敬、互爱、互帮，自然有人仰慕其中的管理之道。

记得有一次师傅的师侄来看望师傅，正好师傅的一位久未见面的朋友也来了，那位朋友很羡慕师傅一生的技艺成绩和为人修养，晚饭后坐在炕头闲聊时不由得向师傅询问道："您徒弟一群，师兄弟也是一大帮，您和您师傅是怎么管理徒弟们的？"

师傅喝了口水，然后略有思索慢条斯理地讲述起来："管理谈不来，咱就知道：

技艺高才有吸引力，匠艺深才具凝聚力，身行正才能稳住人，通情才能达理，换位始见公平；管理他你得能养得了他，他要成家养家，你得让他早日学成手艺出去有饭碗和收入……他要成名你得扶得了他，想成名的人一般爱学习、爱钻研、能吃苦，你也得不断地充实自己及时点拨指导他的需求。"

师傅接着又说，他的师傅（我的师爷爷）曾经给他讲过古圣古贤的至理名言：

"学匠艺得先立匠德，

匠德是匠艺的根，匠德是匠师的魂。"

"上等管理：依德感、以理化；

中等管理：尽能力、树榜样；

下等管理：仗权势、舞棍棒。"

上等人，重修养，遵天理，依道德，守国法，勤奋敬业，持家有方，克己

修身，树立榜样，立起标杆，让人恭敬佩服。

中等人，重学习，懂礼貌，靠文化，凭技能，依己力，创成绩，积功累业，做出贡献，成就家业，让人内心诚服。

下等人，凭借权势，依仗财富，借机会，拉关系，结帮联盟，专行智巧，脱离君子之道使用压力，让人无奈屈服。

咱匠人虽说做不到上等人，也要争取做个中等人啊！

寺院和尚亦常说“种瓜得瓜、种豆收豆”，咱虽没文化，但这些传统道理还是知道些的。

六、老师傅口述传统匠行俗语收集

传统匠人师傅们基本都识字不多，但师徒代代相传的一些口诀、俗语、谚语，对于鼓励引导徒弟们努力学练手艺、学习做人做事、树立人格品德、力求奋发上进，有着极大的鼓励、促进作用。

回想起早年学艺时，师傅给我们念诵讲述的一些场景、情感、气氛，不由得思绪万千，让人终身难忘。总觉得这些前辈师傅们传承下来的工匠文化至今也有一定的学习意义与必要的传承价值。所以通过收集原有部分记录，回忆整理如下：

文人著书传后世
匠建亭阁留后人

乡贤牛，族长牛，文武进士才算牛；
殿宇好，楼阁好，操作匠师德艺好。

古人立志，不为良相、便作良医；
今我入行，追求技艺、志在匠师。

读书求学问，为相为医，也只为主持公道治病救人广积阴德；
拜师学手艺，学徒成匠，亦都是美化家园方便生活创建世锦。

这是多么好的理念啊！人生就应该干一行爱一行，无论做什么，只要能干好就是人生在世的功德。

平实无华的工匠语言、仙佛圣贤经典的道理！

让人诵来倾心入骨、回味无尽！

进士笔头谈古论今
匠师墨斗殿堂建成

官有道公正清廉美名扬
匠有德殿堂楼阁立千年

师领入门，匠艺匠德，靠己立志修学探研；
殿阁立世，人赏人评，自显工匠德艺技能。

手沾泥衣挂土主建皇家状元府
胸无文袋无银殿阁工地人人恭
横批：良匠名师

文进士武进士兴建宅院请匠师
官修衙府建堂先邀匠师选柱梁

商守道童叟无欺通有无
匠有德细思精作建楼阁

官有道公正无私安一方
匠有德技艺精熟建宅院

珠宝满堂存不如胸中学问深，
祖遗田宅丰不如自己手艺精。

商有道运顺财发志在公益乡里惠及乡民
匠有德技熟艺高营造精美楼阁后人赏用

医有道亲近病患精心诊理
匠有德技艺通熟惜料精工

从医者，志在治病救人，解缓人间病痛；
为匠人，须当精工惜料，建造百年屋宇。

亲民爱民，公正廉明，历代贤官榜有名，
唐宋殿阁，应州木塔，千年匠作今还在。
入行拜师，勤习苦练，徒工匠师步步升，
从事古建，敬业尊师，亭榭楼阁样样能。

商有道，运通财聚，志在公益乡里，德被乡邻；
匠有德，技熟艺高，必会精工惜料，亭立百年。

知而不会，会而不精，是匠师之耻辱；
学而不知，知而不通，乃求学者大忌。

行邪发财不如正道安贫，
交结歪官不如亲近善民。

徒学工、工习匠，且行且走，坚持练；
匠成师、师亦匠，越做越精，继续学。

医有德必然亲近患者精心省察，
匠有道自会精工惜料屋宇坚秀。

锛凿刨锯熟又精，卯榫验合显良心，
殿堂构架全通达，质优形美好匠人。

古建匠行，嘴说不算真实才能；
作为匠人，作品优良才显真功。

心体光明，暗室中有青天；
念头暗昧，白日下有厉鬼。

匠行论实绩说来做不来实无匠功哪来匠绩，
读书学经典知而不实行未曾悟透难入圣贤。

见人不是，诸恶之根；
见己不是，万善之门。

读书中举欢天喜地满家庆，
学艺成匠建房制器百家用。

秀才收弟子，边教边学，立志向，读经、习礼、学仁义、亦指望，
举人进士榜有名；
工匠收徒弟，边干边学，树目标，精工、细活、创匠绩、积功绩，
匠人匠师终有望。

街心楼阁匠人建，
匾额楹联举人题。

专长各不同，文武才能，造福黎民，千万民众，人人皆敬仰；
行业无尊卑，能者为师，德者为尊，百行技艺，行行有状元。

贤官德政普惠民众，
良匠楼阁显耀城镇。

读书求学问为相为医也只为主持公道治病救人广积阴德，
拜师学手艺学徒成匠亦都是美化家园方便生活创建世锦。

公输着布衣，可建九重仙阁；
众匠挥锯斧，续创堂院文明。

良臣坐府堂，扶持三百六十行，能者为师，
德者为尊，扬善惩恶，克己守规，导民榜样标杆立；
君子在民间，投选适合正行业，勤奋习学，
刻苦专研，积累业绩，养家育儿，敬老带子依德行。

莫羡进士笔锋健，
但看匠师殿堂雄。

贤士做官清廉公正，
良民为匠德高艺精。

从医有志，志在解缓人间病苦；
为匠有志，志在构筑万物成器。

历朝各代，护国、守城、退敌、安邦，须选忠勇上将；
千百年来，宅院、殿堂、楼阁、器具，全凭民间良匠。

学徒干工技艺成器始为匠，
作品精品艺熟徒聚匠成师。

进士笔头谈古论今，

匠师墨斗殿堂建成。

这些行业口诀、俗语、谚语，传统匠人师傅们代代以口相传，朗朗上口容易记在心中，虽无诗文雅秀趣味，却也平实无华地气十足，对于匠艺匠德文化的传承发展有着极好的鼓励与支撑。

传统匠人们读过书的极为少数，但古建匠艺行业口传文化不可低估。其中体现和蕴含着浓厚的中华优秀传统文化内涵。

不卑不亢的做人道理、走闯他乡异地的处世规则、建筑行业的传统匠艺规矩、师兄弟及同行友人间共事相处的道理与方法；干一行爱一行，把匠艺技术作为一生的事业来做，不畏艰难、刻苦追求、宁守清贫，在技术上总不服输、在操作上精益求精的匠人精神，大多从这些谚语中体悟吸取、感染、传承。

传统名匠口传俗语、谚语，属于古建匠艺行业口传文化，师傅给徒弟们经常讲述、鼓励立志上进，且师徒代代相传、映入心灵，久而久之成为了思想观念的组成部分。

第二节　传统古建木作匠人成长

一、学徒（初入行门、学习练功）

立志求师学艺，经父母同意、师傅认可举行收徒仪式后成为正式学徒（即徒弟），学徒三年（吃住由师傅负责）没有工资收入。

认识与学会使用、维修、保养、制作一整套常用木工工具本身就很不容易，师傅提供实习、操作、锻炼、制作基本条件。

要心眼灵活、手脚勤快、遵守规矩、敬重师傅、干一行爱一行、专心学习，行矩行规、匠艺匠德方面，体悟“精工惜料、积德子孙”的深刻含义，手艺未成先学做人，行业规矩铭记在心。

树立理想，抱定“家有万贯、不如一技在身”的学艺志向。

在师傅与师兄们的指导下干一些力所能及的活儿。

谢师一年，继续跟师傅学习锻炼，自愿不要工资再干一年左右，以与师傅加深情感进一步技艺沟通，保持终身师徒关系。

传统古建木作学艺出徒时基本技能应达到：

①掌握常用木工工具的制作、维修、保养、锉磨、保护、使用。

②认识了解并能熟练完成基本大木构件成料制作（对柱、梁、檩、枋、椽等基本类构件打截、砍荒、放线、锛瓣、出圆、刨光）。

③熟悉大木构件各结点卯榫制作，并能在师傅指导下合格完成（放线、画线、打眼、开榫、切头、验槽）。

④熟悉普通构件造型处理并能在师傅指导下合格完成（含头尾造型制作）。

⑤对工地安全及工程操作程序基本了解，能协助配合检点现场安全。

⑥能鉴别认识十几种常用木材。

⑦手头常用工具操作熟练。

⑧立架安装大构件时对码戗固定方式方法明白清楚，能在檩梁上行走操作

（认识了解行业，学习技能操作与行业规矩，适应行业习俗阶段，对常用工具能进行自制、维修、保养，配合师傅完成工地普通工作与安全检点）。

二、工人（领悟精神、任务完成）

满师出徒，可以跟着师兄或亲友到工地打工锻炼，有基本工资收入，此时期抓紧实践深造、继续学习，为进一步升为工匠打好基础，很是关键。离开师傅，年岁也已成人，认真做好手头活计，不必承担高要求的技术责任，做人做事、出手技艺体现出的人格、人品、技能、技巧，会被同行及更多的人关注。

能够在带班师傅或师兄的安排下独立完成一些基本任务。

基本操作功夫到位，继续锻炼提高操作技能，进一步掌握操作技巧，继续扩大和提高行业知识的熟悉程度，进入同班同级操作技能、技巧、速度、质量比较竞争提高阶段，所接手任务能够圆满合格完成。

传统古建木作工人基本技能应达到：

①具备独立自主接手当班任务并能合格完成。

②掌握木工常用工具设施的制作、维修、保养、锉磨、保护、使用。

③认识了解并能熟练完成基本大木构件成料制作（对柱、梁、檩、枋、椽等基本类构件打截、砍荒、放线、锛瓣、出圆、刨光）。

④对大木构件各结点卯榫制作熟悉，并能独立自主合格完成（放线、画线、打眼、开榫、切头、验槽）。

⑤熟悉普通构件造型处理并能独立自主合格完成（含头尾造型制作）。

⑥对工地安全及工程操作程序基本了解，能协助配合检点现场安全。

⑦能鉴别认识十多种常用木材，手头常用工具操作熟练。

⑧立架安装大构件时对戗杆固定方式方法明白清楚，能在檩梁上行走操作。

三、工匠（操作入门、品立技成）

工匠已经不同于工人，能完成流水线某些环节岗位上的技术工作。“工匠”，顾名思义，即一半是工人一半是匠人，此阶段正是奋发上进的重要阶段。

相比工人，应当出手干活工艺质量优良，并能在相应环节上独立处理一部分技术难题，对一般的古建筑大木结构已经了解，对一般的施工程序也熟练通达，对工地操作各环节难题均基本具备解决能力。

对一些相对简单的建筑与建筑内部各方面单项内容能主持完成。

操作功夫熟练、操作能力出色、操作质量优良，相对工人有一定的质量追求和责任感，熟悉工地多项工作内容，对工程操作程序和质量要求清楚了解，正在为成为“匠人”积累必要的操作经验，探索要诀技巧，进一步掌握关键知识，积累业绩，树立品格……

传统古建木作工匠基本技能应达到：

①熟练掌握木工各种工具设备的制作、维修、保养、锉磨、保护、使用。

②能熟练完成各种大木构件成料制作，方法技能出色、质量优良（含柱、梁、檩、枋、椽等各类构件打截、砍荒、放线、锛瓣、出圆、刨光）。

③对大木构件各结点卯榫制作熟练，能合格优质完成（准确放线、精准画线，打眼开榫切头操作熟练、质量优良，模板验槽适合到位）。

④熟悉各部位构件造型处理并都能合格完成，头尾造型处理优良。

⑤对工地安全及工程操作程序了解熟悉，能独立检点现场各处安全。

⑥能准确鉴别认识 20 种以上常用木材。

⑦手头常用工具操作熟练，操作工艺质量优良。

⑧立架安装大构件时对戗码固定方式方法清楚熟悉，檩梁上行走操作熟练。

⑨清楚大木构架整体结构与小木作装修各部位内容，能够进行具体操作。

⑩对各环节操作的配料选择、操作流程、工艺技术、质量要求清楚熟悉。

四、匠人（独立成器、作品良精）

古建筑木作匠人相对工匠应有独立处理工地施工中的部分难题之能力，对一些不太复杂的器物、家具、建筑，能够独立制作成器，或操作完成。应熟悉古建筑的各类型构架及各种构架中的各构件多方面具体要求情况，熟悉各构架结构结点卯榫结合工艺要求，动手操作能力优于工匠但已经不是主题。熟悉通达图纸与设计文件要求，对图纸失误及未明确内容有处理能力。对整体工程操作具备一定经验，从技术上有组织安排指挥工程运作的能力，除特殊要求和特别复杂建筑，对一般古建筑有无图可完成大木结构施工安排的能力。

传统古建匠人应当能够独立主持完成当地常见古建筑营造项目。

（操作能力胜于工匠、操作质量优于工匠，有优秀工程业绩，有工程质量责任心，匠艺匠德在同行人中认可度较高，对一般古建筑工程木作项目有全面技术组织和操作指挥能力，有构思、操作、安装、质量责任一体化负责的能力与责任心）

传统古建木作匠人技术技能技艺要求：

①出于工匠而优于工匠。

②有同行业同工种出色优秀的操作工艺技能。

③有 5 年以上相应的行业操作主持经验。

④有 5 座以上优秀的亲手主持操作完成的古建筑作品。

⑤对古建筑工程中常见的一些普通内容（如亭子、廊子、民宅、门楼、牌楼、戏台等）有模仿复制能力，无须图纸可以从技术角度组织、主持、操作完成。

⑥人品与技艺受到业内及社会上大多数人的认可与赞扬，有人愿意把自己的子女送其门下做徒弟追随学习。

⑦能够解答工匠们在操作中遇到的常见技术问题。

⑧抱定匠艺人生路："家有万贯，不如一技在身"。

五、匠师（经验丰富、模仿变通）

具备匠人应有的能力，在匠人当中有出色表现和优秀成绩并积累了丰富经验，深受同行广大匠人师傅们的认可和赞誉，对古建筑大木结构有创意创新能力，能独立创作设计多种类型古建筑作品，能解决古建筑工程运作中的很多难题、难点，对一些复合建筑设计与施工操作均有把握，有信心去承担。

出于工匠而超越工匠，既是匠人而优胜匠人，熟悉各种类型的古建筑木作重要环节要点，如结构方式处理安排、构件材料选择使用、结点卯榫结合方式、卯榫安装稳合工艺、构件头尾造型处理、立柱上梁安装码戗、整架检验放线固戗；小木作下料配料、框槛类安固卯榫、装饰样选择安排等。

对常规程序了如指掌，安排检点周全到位，凭技术经验处理工程事务，让身边工匠、匠人服气赞赏。

传统古建筑木作匠师之匠艺匠德要求：

①出于匠人而明显优于匠人。

②同行业中有出色优秀的亲自主持操作完成的 10 座以上古建筑作品。

③有 15 年以上相应的行业操作技术主持经验。

④对古建筑工程中常见的一些重点内容（如各种复杂亭子、廊子、民宅、寺院、门楼、牌楼、戏台戏楼、大殿、厅堂等）要有模仿复制能力，无须图纸可以从技术角度组织、主持、操作完成。必要时针对业主兴趣和要求对营造项目有改进创新与创作能力。

⑤深深懂得"精工惜料，积德子孙"的深刻含义，把工程当作品、把施工当写作、把操作当写字（写书法），以技艺为生命中首要追求，把学习研究本行业技艺确定为终身事业。

⑥自己主持创作施工完成的建筑作品深受同行赞扬、地方民众的喜爱。

⑦徒弟成班结队、技艺成熟、品艺优良、稍有一方名气。

⑧能够解答工匠们在操作中遇到的技术难题。

⑨对徒弟们或合作工匠有凝聚力、吸引力及组织管理和指导能力。

六、成熟匠师至行业名师（创作佳品、指导他人）

据早年师傅讲述，过去传统古建筑行业拜师学艺，从学徒→徒工→工人→工匠→匠人→匠师→成熟匠师→行业名师，一步步走下来，一生辛苦而艰难，全凭实践中钻研学习，积累经验、积累业绩。先锻练技艺操作实功夫，然后研究构架结构相关知识；发挥技术、技能、技巧、经验，磨炼摸索管理经验，树立人格品质形象，积累营造匠艺业绩，学习交际礼节。

几十年执着专注，把匠艺技术作为一生追求的事业！

他们坚信“家有万贯，不如一技在身”，一生奋发，终有成功希望。

成为匠师或再努力，对古建营造有十分成熟的模仿创作能力。可相当于目前（工人＋技术员＋项目负责人＋古建筑总工程师）之综合职责能力，亦可算是行业成功人士了。

成为匠师已经很不容易，亦非常了不起，当然还有继续发展的空间，继续提高成熟度，努力向古建筑营造“行业名师”发展。

受技艺能力、业绩积累、人品德性、徒子徒孙、体质年龄等多方面因素的相互促进与相互制约，很多人艰难而奋发，但成功者屈指可数！这种发展方式，只要成功的路是畅通的且有成功的榜样在前，上路行走、发展追求的人自然也就层出不穷，不断跟进！

传统匠人功德颂：

戏台楼阁几百年，
匠艺匠德在其间。
匠师精工建阁亭，
艺同著书遗后人。

殿宇好 楼阁好 操作匠师德艺好

乡贤牛 族长牛 文武进士才算牛

1.飞子 2.檐椽 3.撩檐枋 4.斗 5.拱 6.华拱 7.栌斗
8.柱头枋 9.拱眼壁板 10.阑额 11.檐柱 12.内柱 13.柱櫍
14.柱础 15.平槫 16.脊槫 17.替木 18.襻间
19.丁抹颜拱 20.蜀拱 21.合踏 22.平梁 23.四椽栿
24.劄牵 25.乳栿 26.顺栿串 27.驼峰 28.叉手、托脚
29.副子 30.踏 31.象眼 32.生头木 33.里口木 34.小连檐

第六章　民间匠艺匠德与行业习俗

早年听老师傅讲述，传统古建筑行业过去是名师带班，师徒兄弟搭班做古建工程，以一生匠艺、匠德、名声作为承接工程活计的资本。

工程业主只认匠师，其他人都听师傅吩咐安排，构思（设计）、施工、质量一体化终生名誉责任承担，事关一个匠人在行业内的生存与发展，工地开工主家开灶管饭、记出工日期、与带班师傅商量分手艺高低情况发放工钱。

第一节　老匠人师傅讲述传统行规习俗

一、寸木不可倒用

民间传统古建筑大木作匠师十分重视人与天地万物一体的理念，讲究在使用木材时一定要认真识别，让每个构件顺着入位，立木尤为强调头朝上、根朝下，万不可倒着使用。比如各类落地或不落地柱子、各类抱框及所有竖着使用构件。

二、大事择日施行

大凡工程运作，伐树、动土、立柱、上梁、中脊檩入位、屋面抹泥上瓦、调脊合垅、安门、起墙等均需择吉日、选吉时进行，以表恭敬天地万物之心。（重要情况还要举行仪式，进行献供、敬香、行礼叩拜）

三、大木操作不离中

在古建筑大木构架构件制作过程中均要先确定长度找到中线位置打上中线，像柱类更是需要十字中线，圆形木构件从原木开始制作就要打中线，否则无从下手，也无法合格完成，直至大木构架安装均以中线对齐方为归位。

这既是大木操作的传统习俗，也蕴含着古代建筑匠人的圆与方转换及横竖受力的物理智慧结晶，是大木构架各构件制作过程中的必然之规。

离开中线，大木构件制作安装则都失去了依据。

四、“冲东不冲西，晒公不晒母”

这是指大木制作中檩桁卯榫卯口的安排原则，以坐北朝南正房檩桁为例则要口向西榫向东，其他类推。

五、大木件件有名称，写字标记须分清

在大木构件制作过程中，制作人一定要首先清楚该构件的所在位置，这样才能确定榫卯方向、形状。制作完成时标写大木构件位置号，一般从上手一端排起，按位置分顺序标记名称，一般情况落地柱子要标写在正面，上架横构件应标写在构件上面，上架立件应标写在背面，名称位置排序编号均应标写清楚，立件字头朝上边，卧件字头朝上手、统一安排。（构件成型、标写名称，如颁将令，归位尽忠）

六、构件成，需操架，卯榫验，尺寸丈

大木立架须慎行，事先验合细用心，架下验合不用心，上到架上累死人，误时费工又丢脸，师傅功夫何日成。

大木构架构件制作完成时需进行验操，俗称“小立架”，检验卯榫是否合适严紧，丈量构件尺寸是否准确，查看名称序号是否对应，验证构件是否合格做到入位放心。

七、檐不过步、梁不倒成

“檐不过步”是大木构架制作过程中设计出檐尺寸和檐步架尺寸的重要原

则，事关出檐部分的稳定安全，一般应做到檐步架尺寸大于出檐部位尺寸最少20%~30%，保证出檐部分稳定安全。

“梁不倒成”如同前面所说“寸木不可倒用”是指制作屋梁时一定要头朝前、根朝后，不可倒用，不然被人笑话不懂规矩是小事，违祖规、不敬物，则折已福。

八、三举不上瓦，四举不插飞

“三举不上瓦，四举不插飞”是民间古建筑行业大木操作匠师在计划屋面檐步举架高度时一个必须熟知的基本常识。“三举不上瓦”告诉匠人们檐步举架不够三举不好铺瓦，因底瓦的厚度与搭接关系，没有三举则可能向后倒流水。

“四举不插飞”也是这个道理，因为檐步举架虽然够四举时，插上飞椽也就恐怕不足三举，此种情况还是不能铺底瓦。

九、七举门楼，八举亭，大殿脊步十举成

“七举门楼，八举亭，大殿脊步十举成”是民间古建筑行业里一句饱含工匠经验的指导性俗语。官式古建筑檐步举架多为五举，好像也成定规。事实上三晋大地民间古建筑传统匠师在确定檐步举架时是相对灵活的。

从当地史留建筑看，一般房屋檐步举架高度从四六举到六二举均有，五举相对为多。这要从建筑进深大小、屋面坡长度、建筑所在位置、建筑体现的功用等多方面来衡量确定。

门楼、亭子因其进深小、屋面短，相对举架宜大些好看。亭子脊步有达十一举之多的，相对还更为好看。

大殿建筑一般进深较大，弯曲线屋面坡度美感明显，脊步举架相对宜高，民间还有“九举加一举、或另举一柁墩”的说法，这在十一檩进深的老寺庙大殿构架拆卸中见过。

十、精工惜料，积德子孙

民间古建筑匠人师傅们在漫长的历史发展过程中，同样深受中华优秀传统文化影响。“敬天敬地敬祖先、尊师爱艺惜万物”。木材作为主要建筑材料，是万物中重要之物，是天地自然造化而生成，一代代匠人师徒相传，都十分强调“技不过关刨不平、锯木跑线耗料工、艺不精通器不成、浪费材料天不容”“精工可造百年物、巧手建楼千年立”，自然更有“精工惜料、积德子孙”这样检点自己、醒人奋发之佳言。

十一、腰缠万贯，不如一艺在身

“腰缠万贯，不如一艺在身”这句话当年师傅反复说过多次，他说这是他的师傅经常给他讲的一句话，他耳听心记了一辈子，老来回想才倍感受用良多。

传统古建筑行业拼的是技艺，匠人凭技艺吃饭、凭技艺出名，技艺好则成名快，一旦出名聚徒成群，成功也就不远了。

退一步想，“身怀高超技能，何惧独自奔腾”。

师傅说过：“出手技艺超群，出外位比乡绅，有钱虽是好事，不免有贼跟踪，身怀绝技一手、谁能盗走分文。”这是他的师傅鼓励他努力上进的格言，他也是深有体悟的。

师傅讲述说，他的师傅因技术好，业绩多、徒弟成群、名声也大，曾经享受过县太爷登门拜访的荣耀。师傅自己身经多种社会变革及政治运动，老来时见亲友中有好些曾经比较发达兴旺过的又变成“地”“富”“反”“坏”“右”分子来求他办事，之后十分感慨地说“腰缠万贯，不如一技在身”原来是很有道理的啊！

十二、把技术作为终身事业的“匠人骨气”

记得有一次和师傅聊天时他给我讲起匠人骨气：

“只要技艺在身，不管他什么富贵人家用咱，咱是他请来的师傅，不是他顾用的仆从！”

（保持匠艺行业人格个性、立起匠人人格尊严，坚持技术领域是非明确的特殊性；不受“钱”“权”无理左右之）

这留传多年的一句话是古建筑匠艺行业人铭记刻骨的个性，他们虽然长期生活在社会底层，没有足够的商业头脑和政治意识，却把精益求精、追求技艺当作了一生的事业。

“咱做匠人的学艺要全心全意，达到精通熟练、敢担重任、能解难题，争取在同行中优秀，在当地领先。”

“别看咱日常衣服脏污破烂，只要艺高身正，走到哪儿也没人敢小看；咱也不做错事，咱也不受人小看。”

“钱是他的，可艺是咱的，若有有钱人不尊重咱，咱还不侍候他哩。”

“他就是当地首富，咱还是当地名匠哩。”

“出言要有礼，做事要在理。别人再有钱再富贵，他也不能压理！”

“咱匠人衣服虽脏污些，但做事要在理，人格不能低贱。”

“做活计[①]、用材料[②]、要手艺[③]、要凭良心[④]，不然不成“活计”[⑤]如何生存？”

老师傅还说，匠人没有骨气一般有三种情况：

第一，学艺不精、技不如人自然力不从心提不起自信。

第二，匠人良心丢失、对操作质量不负责任，只顾挣钱。

---

① 做活计：在这里指技术操作工作过程。

② 用材料：指树木生长与各类材料及瓦石琉璃工艺备件等，所以称天地造物不容易，不能宜锯而锛斧损失材料，不能颠三倒四乱用材料，不能大材小用浪费材料，大小梁柱檩各有相宜，椽枋槛框板合适安排，学艺精时配料明，用对位置都高兴。活力自生。

③ 要手艺：指匠人手工匠艺操作技术，要把手头工作做好，为师傅争光也为自己长脸，手艺好不好也就是自己的未来前途好不好。所以称要手艺。

④ 良心：这里指内心出发点上对用料与手艺的综合发挥，即要对得起天地造物，要对得起父母养育，要对得起师傅传授技艺。

⑤ “活计”：原本是山西等地俗语方言，是对工作二字的代替与描述。
“活计”这里指利用天地造物，凭靠自己良心，发挥自己的匠艺的工作。
“活计”二字在这里也还被注入灵魂，指如果做不好工作（“活计”），怎么能会前途顺利？如果经常连“活计”都做不好，自然会影响到生存问题，更不用说什么发展了。

第三，近似超凡脱俗、(骨气内藏不显）把技艺探究提高作为人生奉献之本、明理识道学圣学贤之人。

第二节　老匠人师傅讲述房屋建筑维修及行业故事

早年拜师学艺当徒弟的时候，经常听师傅讲述他当学徒时经历的一些故事。慢慢听得多了，知道师傅的师傅是榆（榆次）太（太谷）清（清源）祈（祈县）一带当地有名的建筑匠师，人称秀魁师傅，一生做过很多建筑精品，先后教出四十多个徒弟，师傅是他的关门弟子。

师傅还有个大师兄，比师傅年龄大近二十岁，与师傅居住不算远，也就七八里，两人交往甚好我刚学徒时还受师傅安排去拜望过大师伯几次。

记得去拜访大师伯时，他当时虽年岁八十左右，却很是好客爱说，精神还不错，看到师侄到家很是高兴，不由得就讲起他年轻时的精彩技能展示故事来了。

一、屋顶塌陷、檐口不平、起梁换柱修整

受老人家故事的启发，在维修生产队马棚时经与师傅商量，由师傅现场指导采用“打牮起梁”整平屋顶塌陷、檐口不平，顺利成功，当时体会较深。

20 世纪 90 年代末，参与常家庄园修复过程中，在雍和堂外院就有三间房屋因有一根前柱下端腐烂而导致屋顶塌陷、檐口不平，情况较为严重，根据上面指示安排对其揭瓦顶、落屋架、换柱子、重新修整，工期、成本均较为紧张。领导也很发愁，经开会讨论后领导采用了我的建议“打牮起梁、墩接换柱”，并决定由我全程主持实施。经过两天的筹划组织和具体事前准备，然后安排操作实施，在还有部分人带着不安心情和怀疑眼光的情况下，我对现场参与的五六个人做了认真的事前安排和关键问题交待，开始指挥操作。大家心归一处、认真操作、步步谨慎，不到半天时间就完成了“起梁换柱”的关键操作。指挥部

领导知道后，到现场察看，感觉挺好，一致认为此办法节约成本、工期提前、质量可靠，记得还招开现场会进行表扬推广。

二、只用接柱换梁旧房改成新房

年轻时听师傅讲过，他早年在旧院维修时遇到过因柱子下端腐坏屋顶塌陷、主梁承载力不够也被压弯，经商量采用换梁接柱子的方式，成功地完成了维修目标，达到旧屋顶平展复原，室内新梁架旧顶、旧柱接长重新用。

三、断檩护架解决屋顶塌陷坑凹

听师傅讲过，他们早年对旧房室内檩条断后屋顶已经塌陷显凹而未下落的情况采取过打垡支顶、整平屋面，檩后护架新檩的补救措施，细心操作效果可靠放心。

四、五间旧平房屋顶不动，整体抬高近二尺

这件事听起来让人难以想象，可师傅一讲起他跟几个师兄一起操作完成这件事总是一脸的自豪。

师傅说，五间旧平房炉渣灰泥顶，屋面虽有两道裂缝，但经防漏处理保护却也不漏水，四根主梁及檩条、椽子均还很好，十六根柱子支承着，墙体也没有大问题。房子由于座基低，又因周围环境变化而排水不便，造成室内潮湿不好使用。

主人想改造抬高，因此找他们师兄弟几个商量方案。

经过现场细致察看了解，大师兄和他商量想采用整体抬高的办法来完成，几经筹划协商后大家一致认同了该办法。经过一翻周全细致的谋划准备后他们开始了实施操作。首先把十六根柱子与墙的关系松开、把入墙的梁头、檩头松开，再进一步对十六根柱子下端的情况处理到垡板可发挥有效作用为止，计算支点力点重点的距离长度关系，找到各个柱子可起动的力点重物重量，备好各

位置加重压力用砖及框具，细心全面察看后、统一喊令指挥、十六根柱子各有专人操作、形成一体缓慢升起效果，喊一次牮升三分、保证平缓起升……

相应地及时调整牮板支点高度，查看柱子稳定支持情况。

经过几轮调节、升起操作，终于达到总抬高一尺八寸的计划目标。

然后固定柱底填柱缝续墙高圆满完成预计任务。

回想起来，漫说在那个年代，就是在当今条件下，也是何等的不易啊！

五、六角亭整体跨路移位操作

记得有一次去拜访大师伯时，他给我讲述他当年曾经应邀去商量一座六角亭迁建事宜，要求迁建距离约在七丈多远，主要是想跨过道路迁至对面重新建好。他看了看亭子整体情况和周围环境，决定采取整体移动，人家对方案有些怀疑，但最后还是同意了。他通过反复思考，采取先把六根柱子上下、左右、对角、环围，连成整体，然后整平道路铺上木板，开始打牮移柱，六柱一体统一缓慢移动，经过两天时间、8 个人的统一协调移动，过程中亭顶屋面瓦稍有个别脱落，最终成功地完成计划。

六、给杨爱源建公馆的故事

听大师伯讲述当年他带领师兄弟们给省城高官杨爱源（杨爱源是民国初年山西省里主要军政要员之一）建公馆，开工前中介联系人说要他做好材料用量计划、把小样制作完成、把工期估划好、场地使用要求设想好，主人要亲自询问。过了几天后，他带着小样和检点好的用料、工期计划等去给主人汇报。

见面后杨爱源询问概况，提出修改意见，就宅院布局等进行了具体交流沟通，并要求把小样留下锁起来，作为完工验收时对照参考标准。

一座四合院，堂屋、过厅、倒座、厢房、外挂门楼等好几个单体建筑二三十间房子，各自形式及相互之间关系，没有图纸全在脑子里装着。

当工程快要完工时，杨爱源在现场查看后对工程非常认可，心里觉得高兴，提出一定要请大师伯这个匠人师傅一起吃个饭。

“杨将军（杨爱源）请姚师傅（大师伯、生于1893年，约1976年去世）一起吃饭啦”，工地上的人一下子就传开了。

大师伯至老讲起这件事来心里也是美滋滋……

七、柳麻师傅不愿给王财主瓦房的故事

柳麻师傅真名柳根只，是清末民初时期太原府往南榆次、清源、太谷、祁县这一带有名的瓦匠师傅，古建瓦匠活手艺出众，从事瓦匠活二十多年，质量、人品名声极好，带徒教徒也不在少数。因脸上有麻子所以人们习惯上称柳麻师傅，当面时也是称柳师傅。当时，当地很多相对重要些的活儿总是想请柳师傅带班完成，一则质量放心可靠，二则主人也觉得体面。

有一年，当地一家王姓财主要修建宅院，三次差人去找柳师傅，却均遭到了拒绝。王财主不甘心，又让自己的弟弟去见柳师傅并答应工钱可以加码。

王财主的弟弟找到柳师傅，说明其兄长的意思，请求柳师傅一定要答应接下这份活儿，柳麻师傅在身边众人的劝说下提出“可以考虑，但在去之前先要见见你家当家的再说”。最后还是王财主亲自去见柳师傅当面提出要求，柳师傅才答应率队出马。

后来有位老先生与柳师傅聊天时问起这件事问他为什么还非要王财主出面才行？

柳师傅说：“咱工匠手艺人平时穿得脏污衣服，很容易被人小看，可咱凭自己学的本事，凭自己动手干活儿养家糊口求生存，咱良心无愧，咱顶天立地做人。”

“咱敬重各行各业凭自身本事吃饭的人，咱敬重凭自身本事闯江湖干事业的英雄豪杰。”

又说：“像那些靠父辈遗产抖富，靠父辈关系做官的人，是人家的福命，别看他们吃、穿、住、用豪华富有，可并不是他自己的本事，不值得敬重。”

八、鲁班爷制作木鸟而不传人的故事

相传鲁班老了时，看到孙子整天呆在家中不愿意出去玩儿，就给孙子做了一只木鸟，告诉孙子说木鸟能飞到天上去，带孙子到野外试飞。

经过几次试飞修改后，木鸟果真能在天上飞一天。

孙子于是高兴地出去玩了，也引得好些人都想让鲁班把制作木鸟的诀窍传授给他们。

鲁班总是不答应。

后来有人听说墨子制作的木鸟比鲁班做得更好，能在天上飞三天三夜，有些人就去找墨子请求学习木鸟的制作方法，可无论怎么求，墨子也不答应。

后来有人探问鲁班说："你们为什么不愿意把制作木鸟的诀窍传给人们呢？"

鲁班回答说："这些奇巧异术，仅能供人玩乐消遣，不如学些生活中有用的，如房屋建造、农具车辆制作等。奇异之术传下去不会给人们带来什么好处，只会有害处。"

前面几个旧房维修事例与四合院修建的事，在今天从技术角度看来也不算什么，可那是在近百年前啊！

传统古建筑匠师们的几则故事告诉我们，在他们身上不仅体现出匠师技术、匠艺技能，更让我们联想到一种匠师骨气及匠艺精神：

他们在技术上的苦钻研、敢碰硬、敢创新的勇敢追求精神；

他们持久刻苦、追求技艺通达而又艺高傲人的匠师精神；

他们坚信艺可养人、以技求生、精工做事、顶天立地做人，鄙视奸滑、反感投机取巧的匠艺行业人精神；

他们效法先贤、敬重天地、爱护万物、传承技艺、回报祖宗恩德的忠孝仁义之心。

也自然反映一些不同时代社会行业等文化观念上的具体内容。

在古代农耕社会出类拔萃的手工匠师人才，也可谓是相当于当今社会高科技人才啊！

明代强调营缮所的所正、所副职位要由懂建筑的匠作人才来担任。

史书《明史·职官制》记载，明代设工部，在选择任用具体职能责任官职时就专令从优秀工匠中提拔任用。

像由将作司改为营缮所后所正、所副、所丞皆以诸匠精英者为之，“属正七品、副六品”均是从精良木匠中直接选择提任。

这一举措对推动工匠技艺的发展提高、工匠从业群体的扩展壮大、成熟匠师们的鼓励钻研再提高，起到了十分重要的推动作用……

第三节　听老匠人师傅讲述传统卯榫工艺

一、四角亭立架时的检验

师傅讲过，当年他学徒出师后，他的师傅委托他带领几个师兄弟给一家财主家建小花园，在立架一座四角亭进行到四条箍头额枋打入四角柱时，主人要求搭个码架用绳子吊住四面额枋把柱子带起来离地一尺多高；然后要求测量四个角柱下端各间距，看是否和下面基础石间距尺寸一样，又让用木锤猛力锤打柱子下端，看是否会从额枋上脱出来。看到合格、满意后，才让放下来继续进行。

他后来给他师傅讲述此事时，他师傅说：“作为一个建筑匠人就应该把卯榫精度把握好；四边箍头额枋打入四角柱就应能达到人家的这种要求才算合格匠人。”

二、入班新手试功底

有一次，他在一家车辆铺干活，被分在车轮组，任务多、人手少。有一天有一位不认识自称在车辆行干过的同行师傅来找工做，班头说：“进来干可以呀。”然后递给来人两件木头，自己也拿了两件木头，要求一起动手各做一只大木锤插好木把子（图 6.3.1）。

等两人都做好后也就正好到要吃中午饭时分，班头一边招呼来客吃饭，一

图 6.3.1　大木锤（木构件安装需用）

边顺手将两人刚做好的两把木槌扔进了一旁水塘里。

吃过饭后班头让人把两把木槌从水塘中捞上来，然后又与来客一起把木锤把子从锤头上打退出来，一起观察卯眼中四面未见水的干面积有多少。当时好几个人在场。

两个四寸大锤头都是卯眼两边各湿进仅半寸左右，内部全干，班头对客人说："好样的你留下吧。"按现在说也就是考试、面试通过，被录取了。

那位客人说："咱干车辆行，卯榫工艺达不到这样的要求，车轮行走在各种道路和各种天气情况下哪能行呢？咱学艺就是在做人，艺不合格对不起父母、天地，生活还能顺利吗？"

三、好匠·烂匠：的作品寿命差

卯榫是木结构建筑与器物的寿命之关键处。

下面再举一早年范例：

四十年多前，我一位老邻居家用一外来串户木工用两天时间打了一架住房风门冬天防寒用，也几乎是同一时间，我一位师兄（人称好手艺木匠）也为自己家住房用了四天时间打了一架风门。结果我邻居那架风门第三年就坏啦，他找人备料做了第二架风门，可也过了不到四五年就又坏啦，只好再次备料，找人做了第三架风门。

前几年我回老家到老邻居家走走，发现老邻居又换了彩钢风门。

老邻居跟我讲："木风门不耐用，我做了三次用了才不到十五六年，这次改彩钢门啦。"

而我那师兄做的风门后来用了四十多年还是好好的（前几年翻盖新房时才弃而不用）。

以一架风门为例，三次肯定是三倍的用料，用工也超出很多。我们想一想，一位合格匠人对木材森林资源的保护节约作用是有多么明显了吧。

木结构是中国古建筑的重要结构主体。

中国古代建筑形式多样，大型的气势雄伟壮观，小型的样式繁多、灵巧诱人。各地特色各异，大部分均以木结构为主，再算上家具（室内的建筑）、车船（移动的建筑）、城池门楼（地方的建筑）、庙宇寺院（神佛的建筑）、殿堂府衙（富豪官方建筑）、平民百姓茅屋小院的生活用具，以及村镇戏台、街坊牌楼、民间富户宅院、家族公共祠堂、地方乡贤书院、景区景点亭廊、豪宅大院明楼、庄园街巷门楼等建筑，凡是木构建筑均是由卯榫来完成结合构造。

木结构构架的制作安装历来是古建工程施工中的重要环节。

它是展示施工者才艺与品德的工作过程。

传统匠艺习俗要求匠人师傅们不仅要懂得古建筑结构构造，也要了解木材特性、卯榫结构原理，更要具备良好的惜物、爱物，能让物尽其用，能知卯榫之功能、用途、种类并合理选配，做到大小适宜，溜涨适度，易入能紧，结合规范有效的才艺与人格品德。

老师傅当年常说："当木匠亦近似开杀房当屠户，伐树当择日祭奠、用材必须爱材惜材，木材生长实实的不容易，一棵树少则十几年或几十年，多则要上百年才能成材，树木资源是人生存环境的重要组成部分，爱护树木、用好每一根材料等同于敬天地敬万物。"

"一座木构建筑能够因其结构卯榫的规范设置严紧结合，而延长十年寿命来算，就等于有多少棵树多在林地再生长了十年。"

精工制作重要结点卯榫、提高工艺技术要求，对增强建筑物质量、延长建筑寿命有着重要意义。

怪不得老师傅当年经常讲述："精工惜料，积德子孙。""学艺不精，有辱祖宗。"

这些话包含了匠艺行业做人做事的基本道理。

下面图示介绍几例木制马车与《鲁班经》点滴（图 6.3.2~ 图 6.3.16）。

图 6.3.2　古时马车（一）

图 6.3.3　古时马车（二）

图 6.3.4　古时马车（三）

看看这几例旧时马车，我们可以想一想，木制马车，风里雨里，尤其是车轮，有时走在水里，卯榫匠艺的规范严紧度该有多么的重要。

旧时车棚子顶上有防雨防晒布罩、彩色绣花布罩，车棚内有座垫等，配备好马匹上路，在当时也算是富人用品了。

造车卯榫工艺要求相当精细，操作功夫要求高，非短期内可以达到，需要刻苦用功练习才能达到要求，实际上这已经不是技术层面上知不知、懂不懂的问题，而是工艺操作艺术功夫的到位与否的事情。

图 6.3.5　古时马车（四）

图 6.3.6　古时马车（车轮毂）

图 6.3.7　古时马车（车轮）

图 6.3.8　古时马车（五）

图 6.3.9　手推独轮车

图 6.3.10　一组农具

图 6.3.11　粮食加工“米扇车”

图 6.3.12　一组驼架

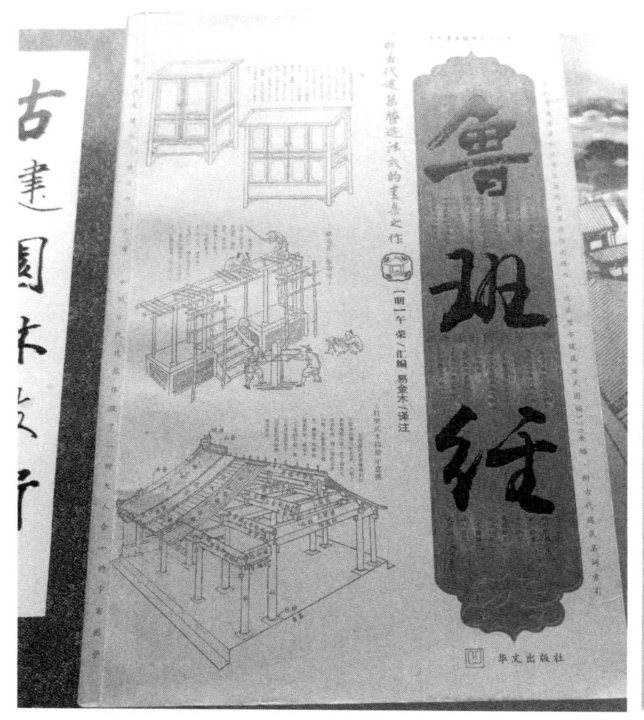

图 6.3.13 《鲁班经》书籍

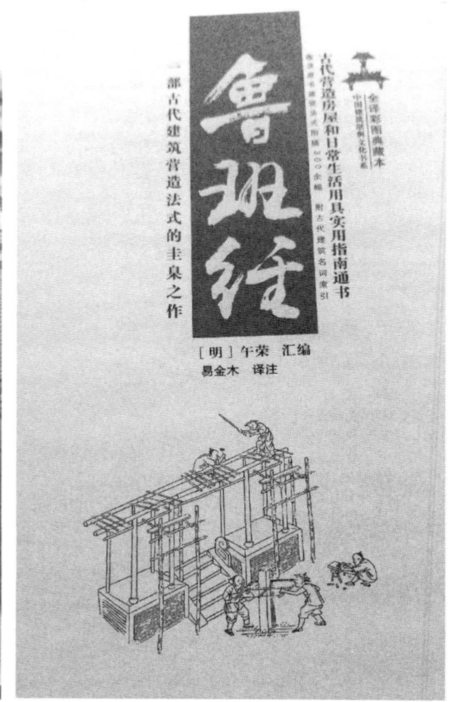

图 6.3.14 《鲁班经》书中内容（一）

从《鲁班经》可以很容易地看出，过去作为一个建筑木作匠人师傅是需要懂得古建筑大木构架构思设计的，否则仅能算是“木作工人”或“工匠”，称不上是建筑“匠人”“匠师”。

听早年老师傅讲：“好的匠人师傅，从学会干活儿到通达各种器具和建筑物结构做法是很不容易的，没有师傅靠自学最为艰难，成功者极为个别。靠师傅教也并非容易，亦须要相应地自专爱好，并经过漫长多年的坚持不懈地实践钻研。”

“像建筑构思，多种多样，有多个环节，一般在院落布局、房型定样、构架方式、搭结方法、材种选择、结点设置、卯榫方式、卯榫溜涨、材质材性、季节天气、操作人选等环节均需联系总体考虑，方可安排妥当。”

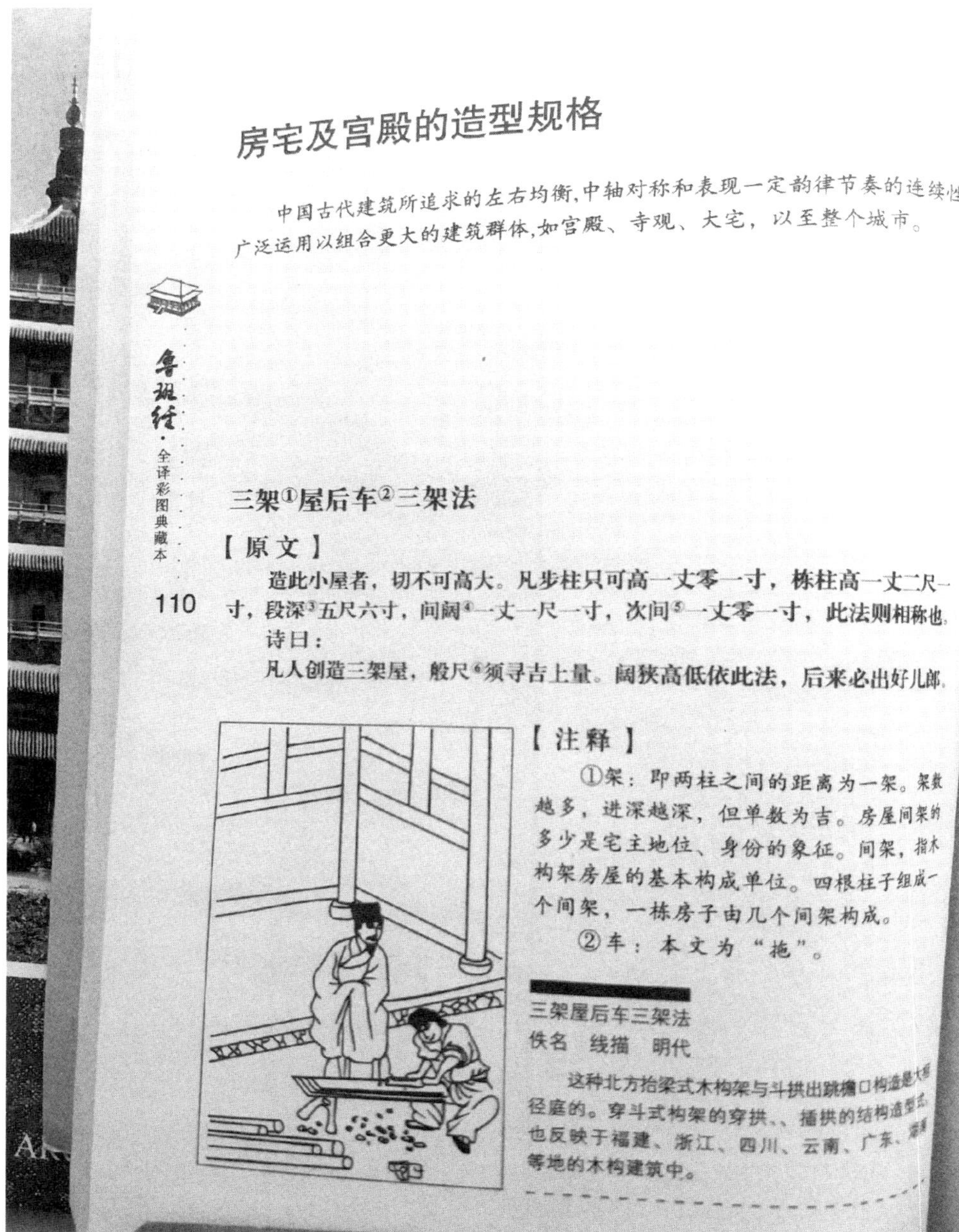
房宅及宫殿的造型规格
中国古代建筑所追求的左右均衡、中轴对称和表现一定韵律节奏的连续性，广泛运用以组合更大的建筑群体，如宫殿、寺观、大宅，以至整个城市。
鲁班经·全译彩图典藏本
110
三架①屋后车②三架法
【原文】
造此小屋者，切不可高大。凡步柱只可高一丈零一寸，栋柱高一丈二尺一寸，段深③五尺六寸，间阔④一丈一尺一寸，次间⑤一丈零一寸，此法则相称也。
诗曰：
凡人创造三架屋，般尺⑥须寻吉上量。阔狭高低依此法，后来必出好儿郎。
【注释】
①架：即两柱之间的距离为一架。架数越多，进深越深，但单数为吉。房屋间架的多少是宅主地位、身份的象征。间架，指木构架房屋的基本构成单位。四根柱子组成一个间架，一栋房子由几个间架构成。
②车：本文为“拖”。
三架屋后车三架法
佚名　线描　明代
这种北方抬梁式木构架与斗拱出跳檐口构造是大同小异的。穿斗式构架的穿拱、插拱的结构造型式也反映于福建、浙江、四川、云南、广东、湖南等地的木构建筑中。

图 6.3.15 《鲁班经》书中内容（二）

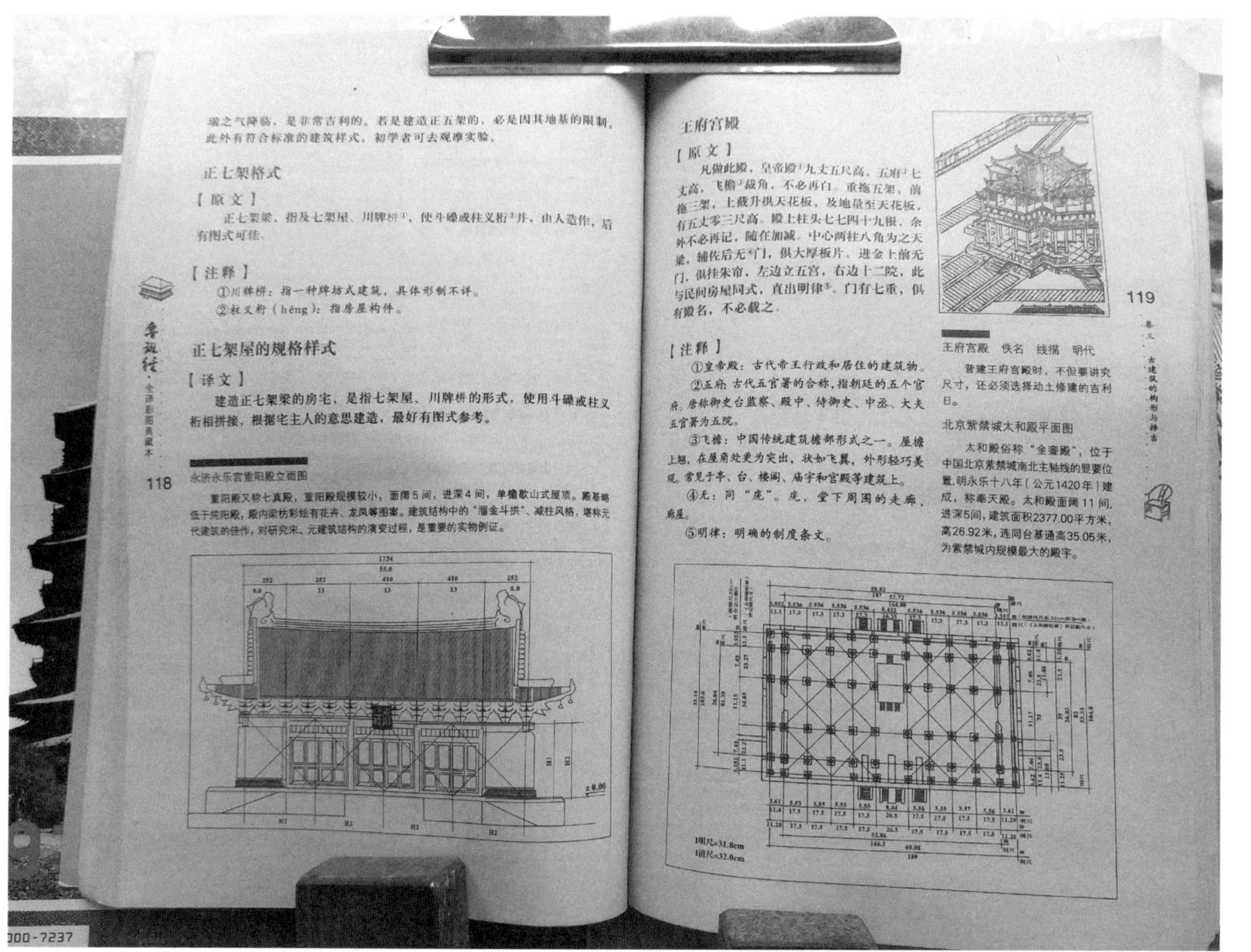

瑞之气降临，是非常吉利的。若是建造正五架的，必是因其地基的限制。此外有符合标准的建筑样式，初学者可去观摩实验。

正七架格式

【原文】

正七架梁，指及七架屋、川牌枋①，使斗磉或柱义桁②并，由人造作，后有图式可佳。

【注释】

①川牌枋：指一种牌坊式建筑，具体形制不详。

②柱义桁（hēng）：指房屋构件。

正七架屋的规格样式

【译文】

建造正七架梁的房宅，是指七架屋、川牌枋的形式，使用斗磉或柱义桁相拼接，根据宅主人的意思建造，最好有图式参考。

永济永乐宫重阳殿立面图

重阳殿又称七真殿，重阳殿规模较小，面阔5间，进深4间，单檐歇山式屋顶。殿基略低于纯阳殿，殿内梁枋彩绘有花卉、龙凤等图案。建筑结构中的“溜金斗拱”、减柱风格，堪称元代建筑的佳作，对研究宋、元建筑结构的演变过程，是重要的实物例证。

鲁班经·全译彩图典藏本 118

王府宫殿

【原文】

凡做此殿，皇帝殿①九丈五尺高，五府②七丈高，飞檐③找角，不必再白。重拖五架，前拖三架，上截升拱天花板，及地量至天花板，有五丈零三尺高。殿上柱头七七四十九根，余外不必再记，随在加减。中心两柱八角为之天梁，辅佐后无④门，俱大厚板片。进金上前无门，俱挂朱帘，左边立五宫，右边十二院，此与民间房屋同式，直出明律⑤。门有七重，俱有殿名，不必载之。

【注释】

①皇帝殿：古代帝王行政和居住的建筑物。

②五府：古代五官署的合称，指朝廷的五个官府。唐称御史台监察、殿中、侍御史、中丞、大夫五官署为五院。

③飞檐：中国传统建筑檐部形式之一。屋檐上翘，在屋角处更为突出，状如飞翼，外形轻巧美观。常见于亭、台、楼阁、庙宇和宫殿等建筑上。

④无：同“庑”。庑，堂下周围的走廊、廊屋。

⑤明律：明确的制度条文。

王府宫殿　佚名　线描　明代

营建王府宫殿时，不但要讲究尺寸，还必须选择动土修建的吉利日。

北京紫禁城太和殿平面图

太和殿俗称“金銮殿”，位于中国北京紫禁城南北主轴线的显要位置，明永乐十八年（公元1420年）建成，称奉天殿。太和殿面阔11间，进深5间，建筑面积2377.00平方米，高26.92米，连同台基通高35.05米，为紫禁城内规模最大的殿宇。

1明尺=31.8cm
1清尺=32.0cm

119 卷三 古建筑的构形与择吉

图 6.3.16 《鲁班经》书中内容（三）

第七章　传统木作常用工具

第一节　古建传统常用手头工具简介

一、斧子

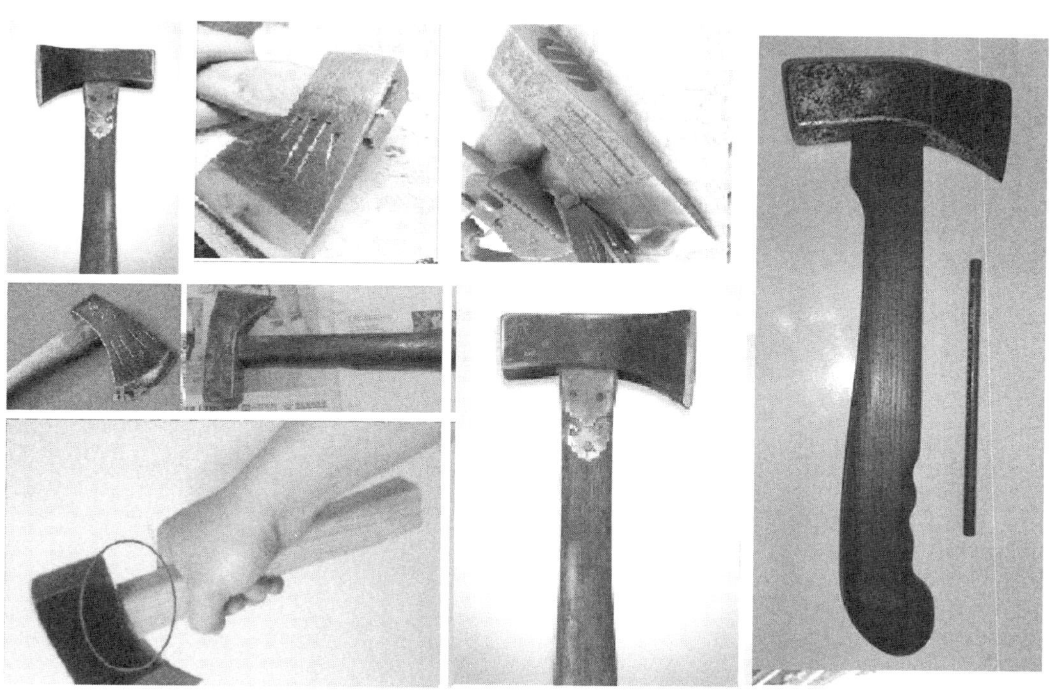

图 7.1.1 斧子 （圆圈提示斧把卯榫肩不应锯判成方肩，应铲为斜肩）

斧子是木作十分重要的工具（图 7.1.1），木匠视斧子如宝，不借他人用，须经常磨刃保持锋利。斧刃只能用来砍，决不可以用来刮。

二、锯子

锯子（图 7.1.2、图 7.1.3）是木匠的重要工具之一，根据锯子的大小、功能、用途等不同有很多种类，更是在锯齿大小选择、板料开路方式、齿刃角尖锉磨、锯齿角度锉磨、锯架配置等多方面的不同处理与保养维修下才能适应不同的锯

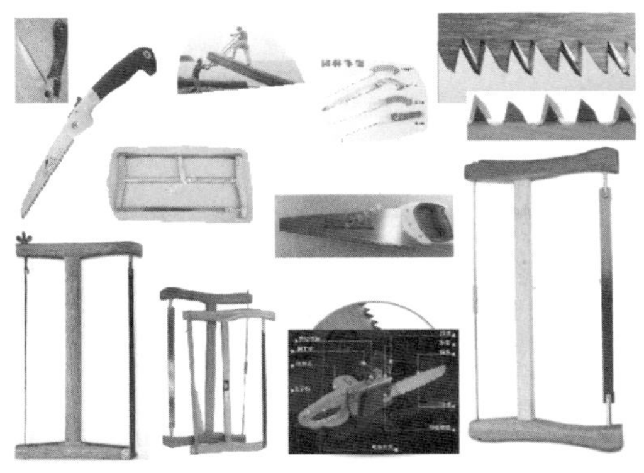
图 7.1.2　锯子一组

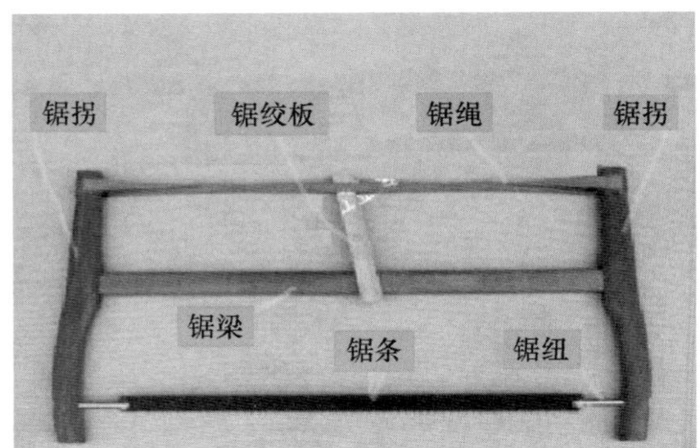

图 7.1.3　锯子的结构

割要求。例如，锯干、锯湿、锯大、锯小、顺锯、截锯、拉板、破料、开榫、判肩、齐榫、割角、拉槽、转弯等各有不同要求，亦需选择不同锯子，并用不同方法锉磨处理锯齿，才能得心应手、操作省力。

这里面包含着传统匠人师傅与多代匠人的实践经验。

“学徒三年常修锯，锉磨两眼紧细盯，
然有再用师傅锯，省力顺手锯轻松。”

这里不仅是知不知、懂不懂的事，更重要的是修整料路、锉磨锯齿时手上功夫与针对所锯材料的多年内心体会与实操经验。

耳听眼见几十遍，动手才知行不行，
嘴说不算真才能，动手才显真实功。

三、锛子

锛子（图 7.1.4）是传统木匠很上手的手把工具，砍荒、去枝、打楞、找平等十分上手，在木匠众多工具中有“勇将马武”之称。

“锛把九把长，在手正好拿。”
“若问锛刃怎样装，锛头先把锛把装，
把尾刃口一条线，刃底与线直角方。”
“锛刃需要常修磨，刃底平展上木头，
刃口锋利木头怕，刃坡角度适当留。”

图 7.1.4　锛子

四、墨斗尺子

进士胸中学问深、提笔作文、仁爱道德忠孝义，
匠师艺高经验丰、墨斗拉线、宅院殿堂楼阁亭！

（进士是古时进京赶考的学子们考试得中后、皇上给予的功名学位称号，状元、榜眼、探花是指同科进士中的前三名）

墨斗与尺子（图 7.1.5）都是木匠重要的工具之一，更是对古建大木作而言必不可少的手头工具，墨斗除打线画线之用外，在大木制作、安装过程中还是吊线测直的重要工具。

尺子在大木制作过程中所需的种类亦很多，如方尺、拐尺、丁字尺、丈杆、卷尺、活斜尺、直尺、折尺、鲁班尺、五尺、丈尺、靠尺、斜角尺等。

不同的尺子各有其用途，尺子不仅需要尺码尺度准确，亦需要使用顺手并了解使用方法与使用技巧，才能施展匠人匠艺。

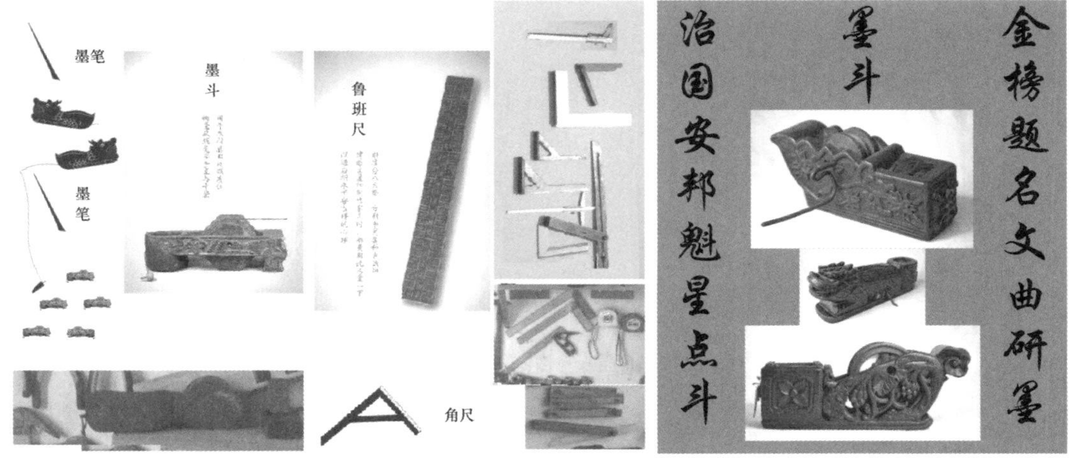

图 7.1.5　墨斗尺子

五、刨子

刨子（图 7.1.6、图 7.1.7）对于木匠来说也是十分重要的工具之一。

刨子的制作维修、刨刃的修磨使用本身就很不容易，刨子的使用操作也需要日久操作练习，久而久之功夫成熟到位才能得心应手、通晓熟练、精致到位。

“学徒三年常做刨，
好用难用自知道。
斜度诀窍师早告，
师傅爱刨还想要。”

这说明总有一些环节之技艺是需要经验积累才能弄通的。

刨子斜度歌：

“斜六分、推不动，
寸倒寸来最省劲；
斜得少来抢茬少，
斜得多了受不了；
斜七分、正好用，
斜多斜少看做啥。”

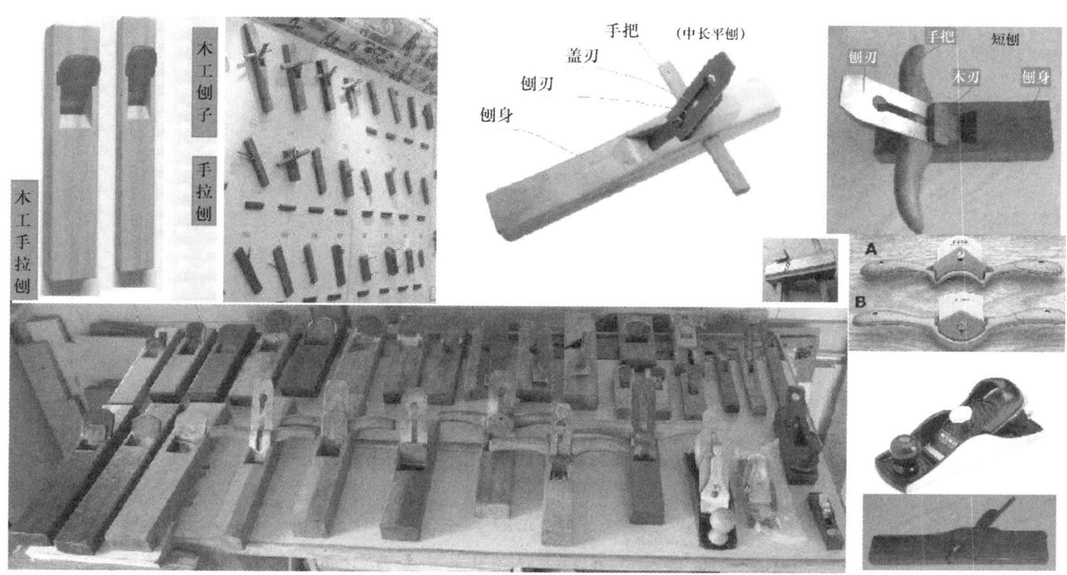

图 7.1.6　刨子一组

刨子的维护保养：

不可其让暴晒雨淋，

刨刃必须经常修磨保持锋利、

并注意刃边角与圆弧微适度，刃角度合适

刃坡必须平展，（刃坡与刃面角35~40度相宜）。

刨底亦要经常磨整，保证刃前刃后平展一致。

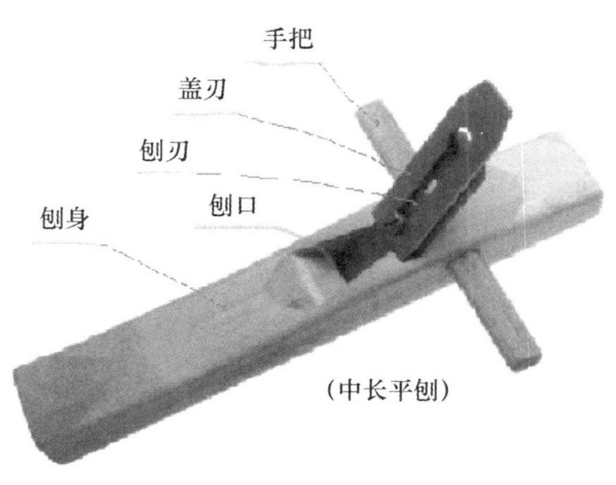

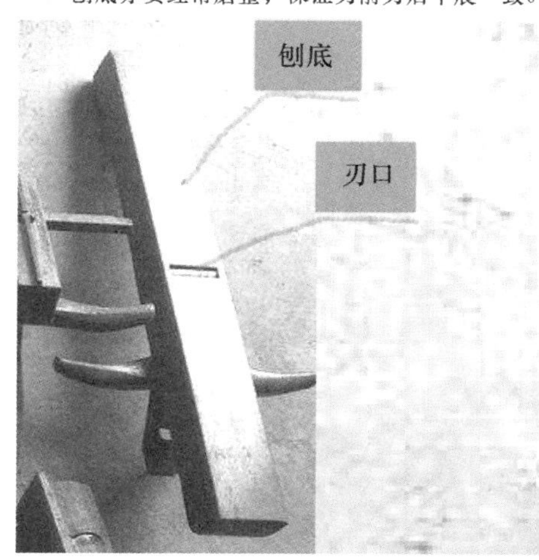

刃口（刃前口缝）不宜过大，

一般粗刨2毫米，中刨1毫米，细刨半毫米为宜，

使用中觉得超大时可用耐磨立纹木块补水，

补时先挖口、深十余毫米、宽与刃齐、长二十毫米左右，

胶粘立纹木块打紧，胶干后锯平推光上刃修整合适即可。

图 7.1.7　木匠刨子图示简介

六、凿子、铲子

凿子和铲子（图 7.1.8）同属一类卯榫工具，但又有明显不同的功能作用。

凿子是与斧子配合使用，专门用于打凿卯眼为主的工具，有单刃的也有双刃的。凿子刃身厚些，刃口相对窄小，打凿小的卯眼可直接打凿成型。

铲子则刃身较薄，刃口较宽，以独立使用为主，主要用于修整较大孔眼之四壁与各类卯榫不合适部位及雕刻使用。

凿打卯眼是木匠基本功：

（师传歌谣）

凿眼前、料放平，凿子立正手用功；
凿定位、斧头跟，斧头一离凿晃身；
一斧浅、二斧深，三斧四斧紧随跟；
每斧凿子晃几下，又出木渣又活灵；
不晃不动凿不成，两斧打下如钉钉；
左手凿子右手斧，凿晃斧摇齐用功；
弄不好、斧落空，打在哪里哪里疼；
凿孔看似小小事，没点功夫干不成！
小眼凿打一次成，大眼凿通修整成；
修卯眼、细用功，靠尺模板紧随身；
铲子铲、拉刨平，卯眼四壁齐光平；
进口适当切半线，出口要留紧半分；
插模板、验紧松，不达目标不算成。

七、锤子、钻子（图 7.1.9）

“钻小孔、钉竹钉，
锤子钻子常相跟。”
“钉铁钉、易裂崩，

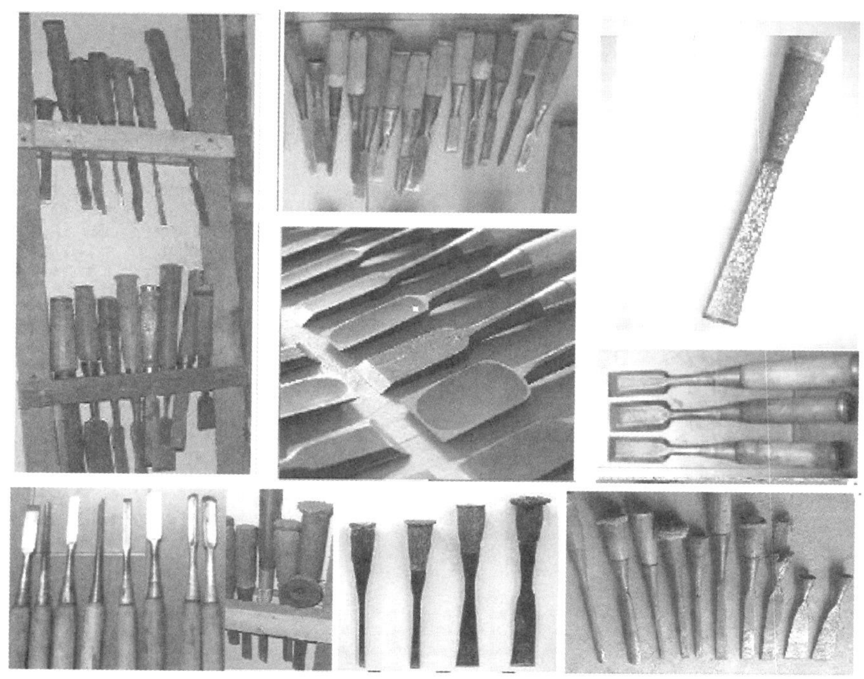

图 7.1.8　凿子、铲子

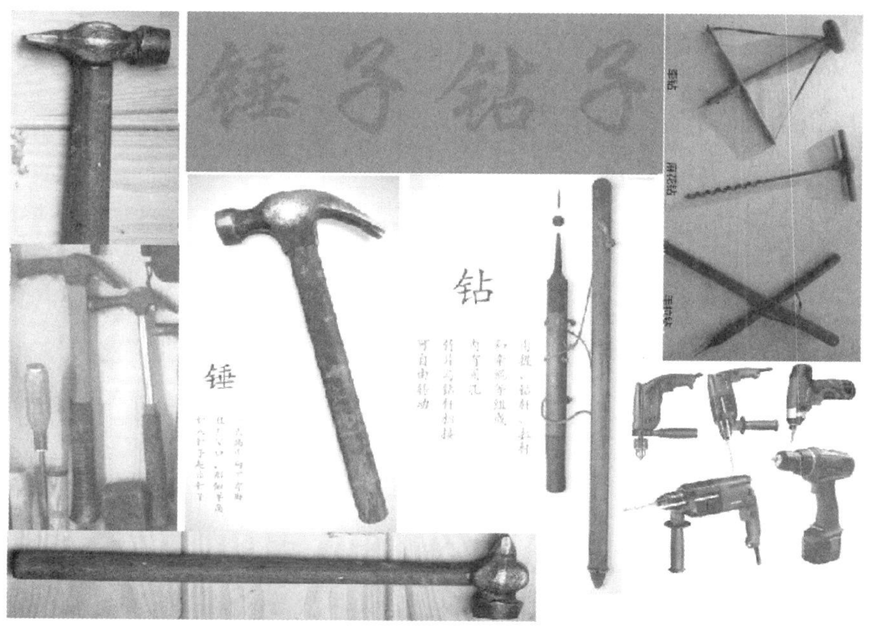

图 7.1.9　锤子、钻子

先用钻子打孔孔。”
“小锤用处多功能，
木匠干活紧随身。”

第二节　手把工具概览

一、传统配套类（图 7.2.1~ 图 7.2.11）

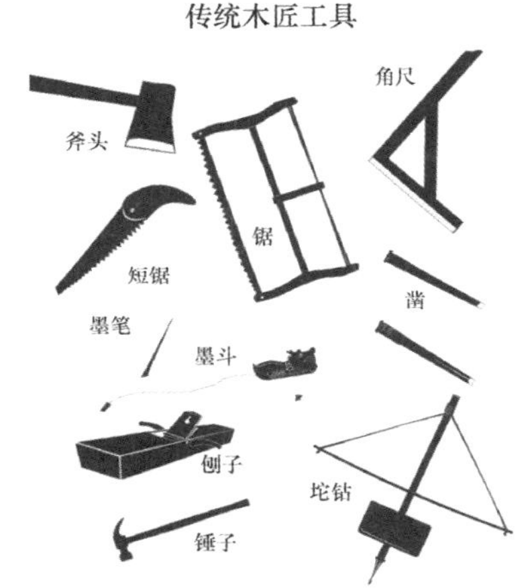

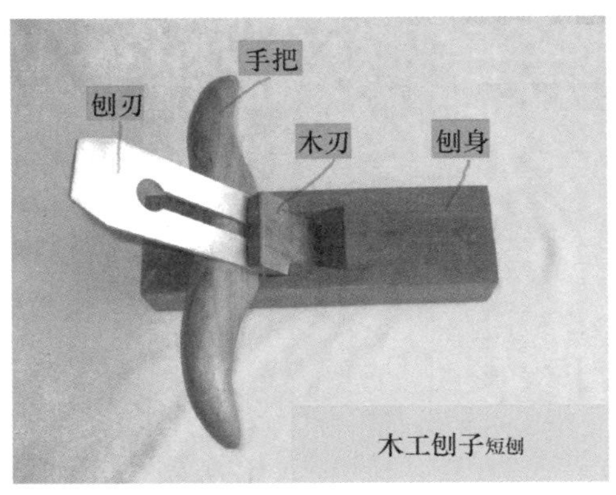

图 7.2.1　传统木匠工具及短刨子

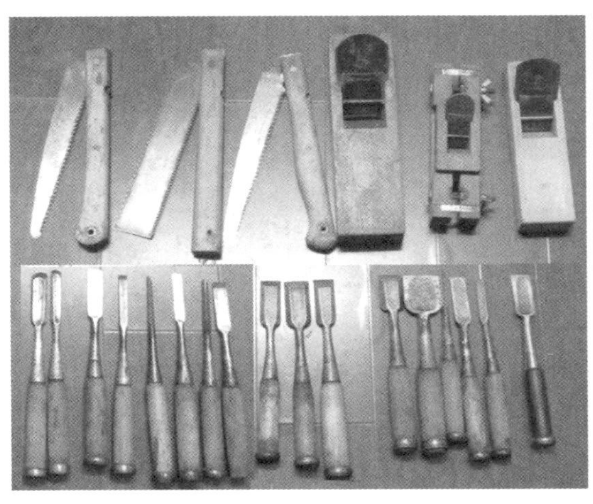

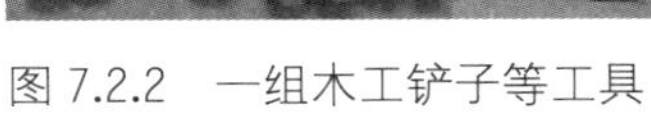

图 7.2.2　一组木工铲子等工具

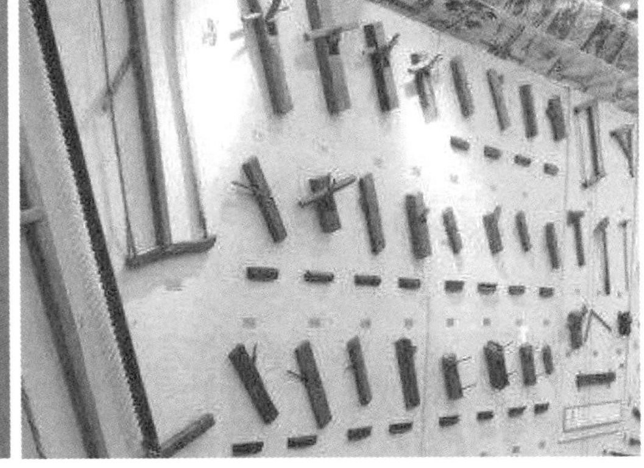

图 7.2.3　一组木匠工具

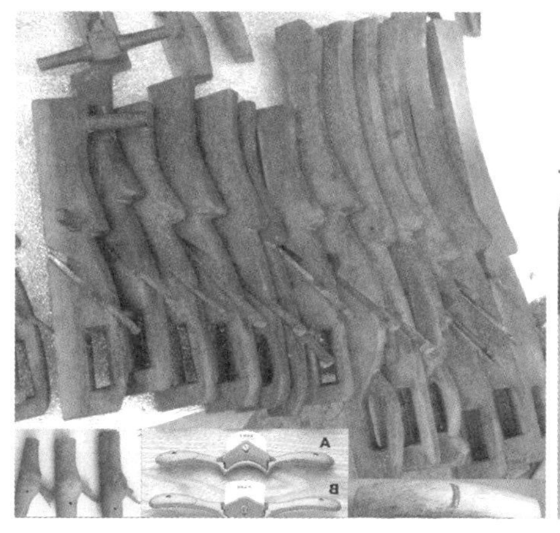

图 7.2.4　一些专用异形刨子

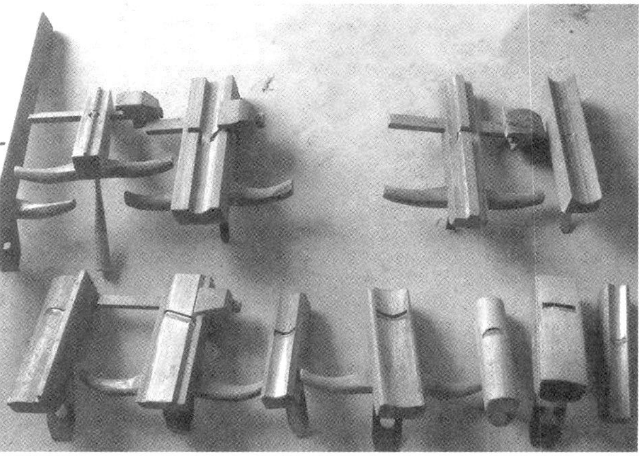

图 7.2.5　一组异形刨子

图 7.2.6　一组传统木匠手工工具

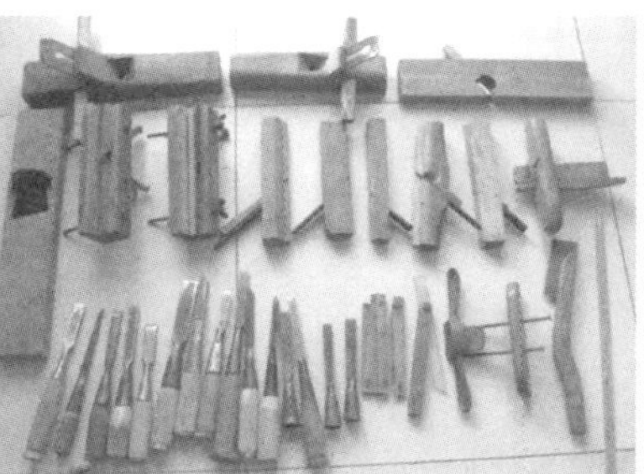

图 7.2.7　一组木匠工具

图 7.2.8　一组木匠手工工具

二、部分雕刻工具

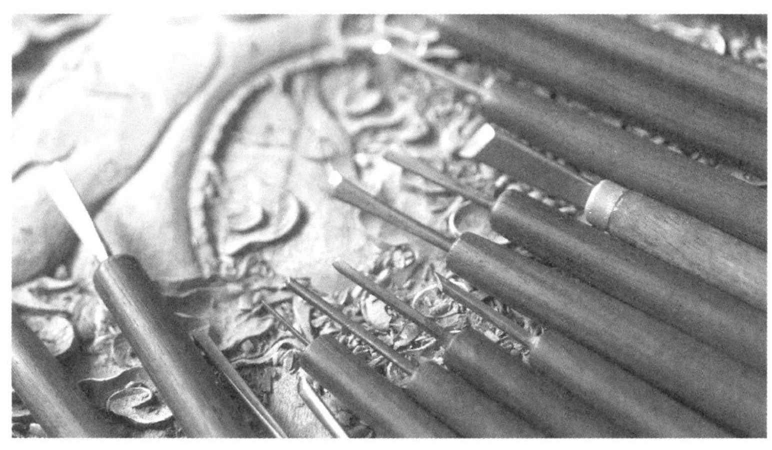

图 7.2.9　部分雕刻刀

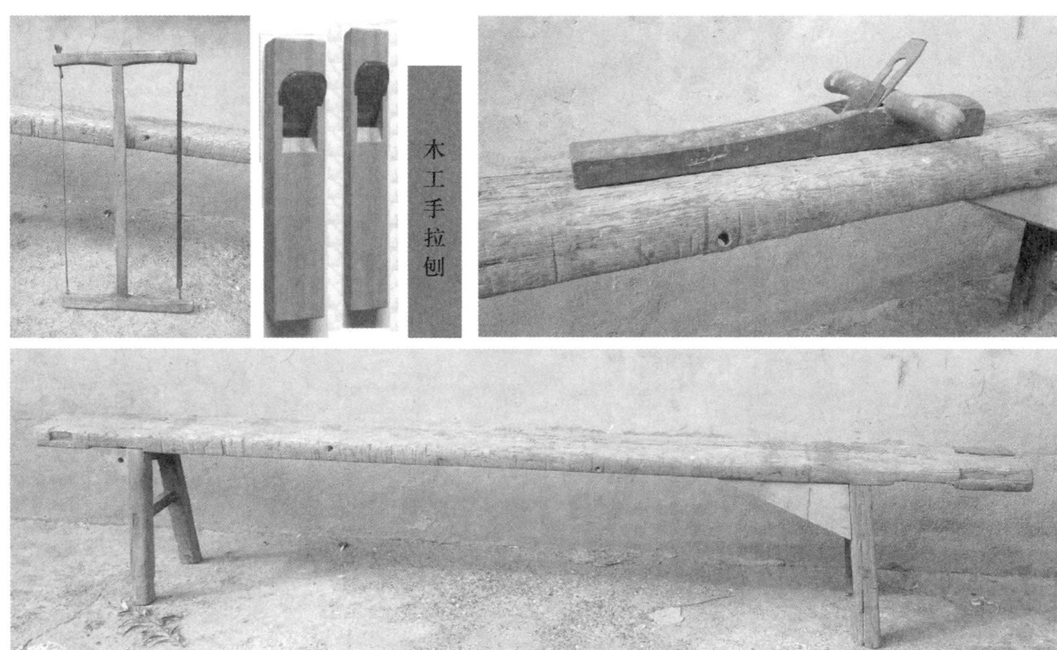

图 7.2.10 木匠工具

三、木匠工作台

图 7.2.11 木工操作台

第八章　古建筑工程常用木材简介

第一节　木材识别基本知识

一、木材宏观特征

1. 木材构造特征

木材构造特征是指在肉眼或借助放大镜下所能观察的木材构造外貌特征，主要包括以下方面：①边材和心材；②生长年轮和早材晚材；③木射线；④管孔；⑤轴向薄壁组织；⑥树脂道。

2. 木材外观特征

原木剥去树皮后的躯干为材身。材身的表面称为木材外表，外表基本有下列特征：槽棱、棱条、网纹、细纱纹、波痕、枝刺、乳汁迹、平滑等。

3. 识别辅助特征

识别木材较为直觉的方法主要是通过眼观、鼻闻、手摸、锯、刨、掂量及仔细观察木材生长结构等去研究其多方面特征，如颜色、光泽、气味、滋味、纹理、结构、花纹、髓斑和色斑、质量和硬度等。

二、常用木材传统识别方法

在过去，古建筑行业传统木作匠师们认识和鉴别木材主要是凭实践经验，运用“听”“看”“掂”“摸”“锯”“刨”“比”“闻”的“八字方针”[①]识别方法。积累经验，师徒代代相传，很难用文字图片完整表达。

①听。听师傅讲述各种木材特性，识别方法、适用范围，收集知识、积累经验……（现在可以通过看书了解）

②看。看颜色、纹理、结构、花纹，细致观察端头、弦面、径面的各种特点。

③掂。掂质量，看起来简单，其实各种木材密度都有明显不同。

① 木材识别“八字方针”“听”“看”“掂”“摸”“锯”“刨”“比”“闻”，其实就是通过师傅讲述、进行具体观察，进一步了解木材的各种特性达到认识鉴别木材的目的。

④摸。摸手感，木材纹理、纹路、纹状情况、粗细密度各有不同，手感也自然不一样。

⑤锯。通过试锯测知木材软硬，锯开新面进一步观看、闻味。

⑥刨。通过刨出新光面进一步看花纹、纹理，也兼测软硬，并且方便手摸与闻味。

⑦比。几块木件相互比较，比较颜色、纹理、硬度、质量，便于进一步确认木材。

⑧闻。闻气味也是鉴别木材的一个重要辅助手段，大多木材都有独特气味，浓淡不同。

如今条件好多了，各种精准测试设备都有。不过在现场没有高端精准仪器设备的情况下，较为准确地识别木材还是需要有丰富实践的工作经验。

第二节　部分国产类木材

下面对部分国产木材的基本特征、特性作简要介绍，供各位从业人士选择参考。

一、落叶松

落叶松（图 8.2.1），乔木，高度可达 35m，腰径可达 60~90cm。主要产于我国东北大小兴安岭。心材呈红褐或黄红褐色，边材呈黄褐色。年轮明显、木材纹理直，结构中至粗，不均匀。气干密度为 0.64~0.7g/cm^3，硬度中，干燥慢，耐腐性强，适宜作建筑、桥梁等用材。

在古建筑大木构架梁、檩、柱、椽、枋方面使用较多，抗弯力度较好，不宜潮湿。

注意：发现有轮裂时则不可选用。轮裂属于大木构件禁用毛病，一般情况下“根有轮裂去一截，稍有轮裂全裂通。

图 8.2.1　落叶松

二、樟子松

樟子松（图 8.2.2），乔木，高度可达 25m，腰径可达 80cm。主要产于大兴安岭及海拉尔一带。心边材区别明显，呈黄褐色，木材纹理直，结构匀，气干密度为 0.46~0.48g/cm^3。硬度低，强度中，容易加工。

在古建筑工程中适宜作为枋类、框类、板类等用材。

三、水曲柳

水曲柳（图 8.2.3），落叶乔木，高度可达 35m、腰径可达 80~100cm。主要产于我国东北、华北地区。心边材区别明显，心材呈灰褐或栗褐色，边材呈黄白或浅黄褐色。木材纹理直，结构粗。气干密度为 0.64~0.69g/cm^3。耐腐性强，抗虫性弱。硬度、强度中，易胶粘，适合用于高端家具等。

用于古建筑构架中的梁、柱、檩及门窗框方面亦是很好的选择。

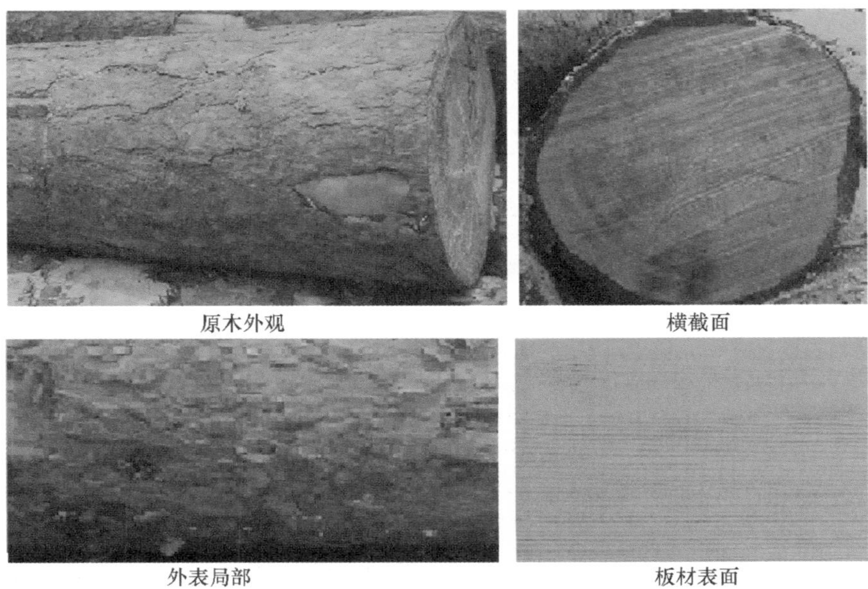

图 8.2.2　樟子松

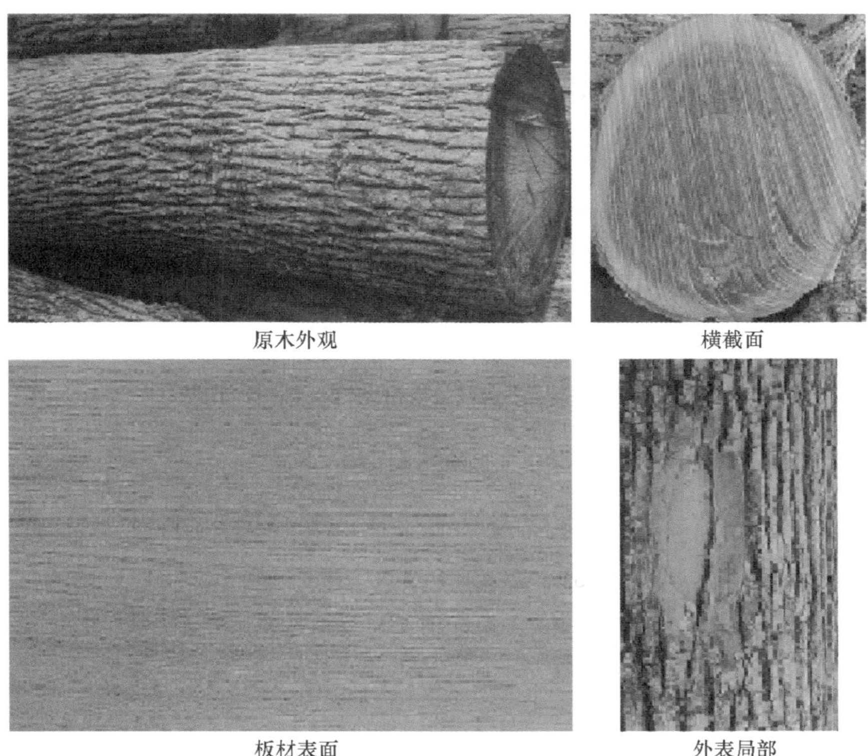

图 8.2.3　水曲柳

四、榔榆

榔榆（图 8.2.4），落叶乔木，高度可达 25m，腰径可达 80~100cm。主要产于我国东南沿海、长江中下游、华北及台湾地区。心边材区别明显，心材呈红褐或暗红褐色，边材呈浅褐或浅黄褐色。气干密度为 0.81~0.97g/cm^3。硬度高、强度中等。耐腐性、抗虫性均中。胶粘容易，切削难。年轮在弦面上很好看，赤红色，是造船、建筑、农具等用材。

在古建筑大木构架中主受力构件，包括斗拱上均可选用。

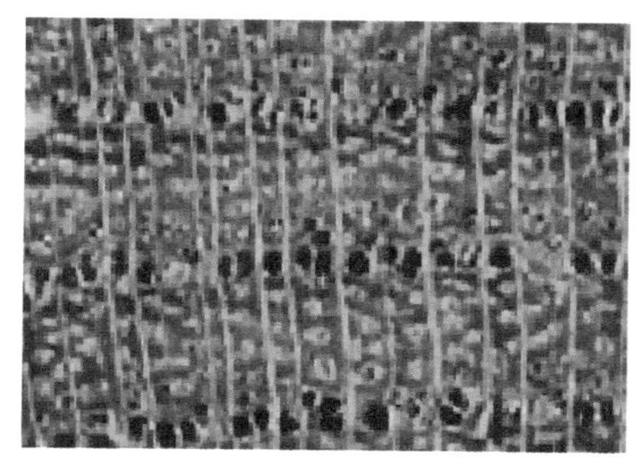
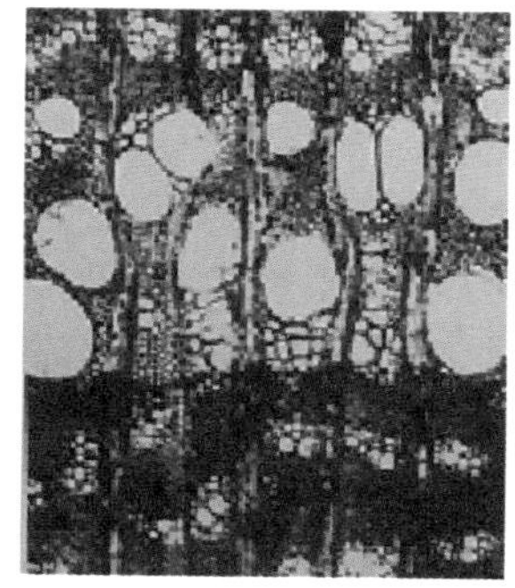
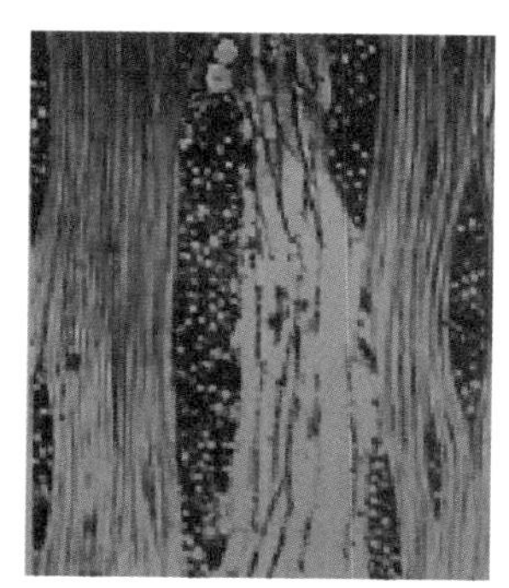

图 8.2.4　榔榆（显微镜下看榔榆）

五、红松

红松（图 8.2.5），乔木，高度可达 50m，腰径可达 80cm。主要产于我国东北长白山、小兴安岭等地区。心材呈红褐色，边材呈黄褐色。生长年轮明显、气干密度为 0.42~0.46g/cm^3。硬度、强度低。干缩中至小。

在古建筑上多用于门窗槅扇、天花顶板等装修装饰部位上。

六、黄菠萝

黄菠萝（图 8.2.6），落叶乔木，高度可达 32m，腰径可达 80~100cm。主要产于我国东北、华北地区。心边材区别明显，心材呈栗褐色，边材呈浅黄褐色。

木材纹理直，结构中。气干密度为0.43~0.57g/cm^3。耐腐性、抗虫性略强。硬度、强度低，胶粘容易。

古建筑工程方面多用于门窗槅扇、天花顶板等装修装饰部位上。

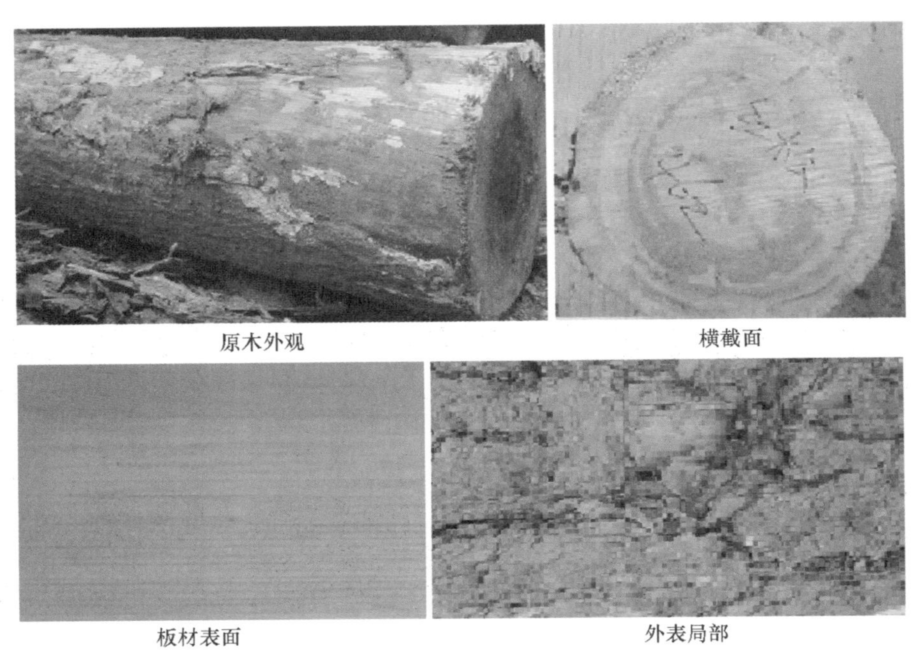

图 8.2.5 红松

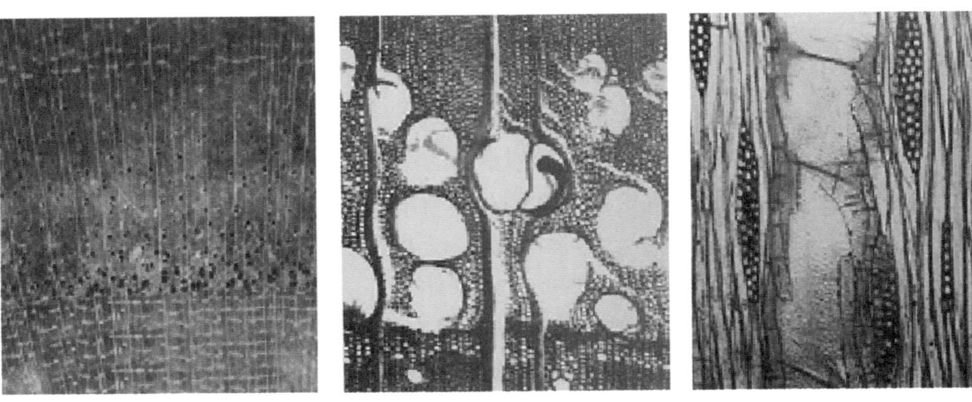

图 8.2.6 黄菠萝（显微镜下看黄菠萝）

七、臭椿

臭椿（图 8.2.7），落叶乔木，高度可达 30m，腰径可达 80~100cm。主要产于我国东北、华北、西南及华南各省区。心边材区别略明显，心材呈黄褐色，边材呈浅黄白色。木材纹理直，结构中。气干密度为 0.64~0.67g/cm^3。耐腐性中、抗虫性差。硬度中、强度低，胶粘容易。木材纹理十分美观。

在古建筑工程传统施工中有“老椿是木中之王”的传说，即“镇木之木”，传统民间匠人师傅们有每座建筑均要选择一点椿木配置在构架内的习俗，类如瓜柱、柁墩等，哪怕仅一个椿木构件或替木或木销。

八、格木

格木（图 8.2.8），常绿大乔木，高度可达 30m，腰径可达 30~40cm。主要产于我国东南沿海、华南及台湾地区。心边材区别略明显，心材呈红褐色或深褐色，边材呈黄褐色。木材纹理交错，结构细。气干密度为 0.85~0.89g/cm^3。耐腐性、抗蚁虫性均很强。强度高、硬度甚高。

格木心材较大坚硬如铁，故也有“铁木”之称，强度也很高。

用在古建筑大木构架方面，做梁、柱、檩、枋类属上好材料。

目前市场销售的主要是进口格木，不规范名称为“非洲菠萝格”，质地略次于原有国产格木。

九、柏木

柏木（图 8.2.9），乔木，高度可达 35m，腰径可达 150~200cm。为我国特有树种。心边材区别明显或略明显，心材呈草黄褐色或微带红色，久露空气中材色转深，边材呈黄白色。生长年轮明显。早晚材缓变，柏木香味明显。木材纹理直或斜，结构中而均匀。气干密度为 0.53~0.58g/cm^3。硬度、强度中。干燥慢，耐腐性、抗虫性均强。

用于古建筑中柱子、梁、枋、装饰雕刻、装修、家具等均很好。

原木外观　横截面

板材表面　外表局部

图 8.2.7　臭椿

原木外观　横截面

板材表面　外表局部

图 8.2.8　格木

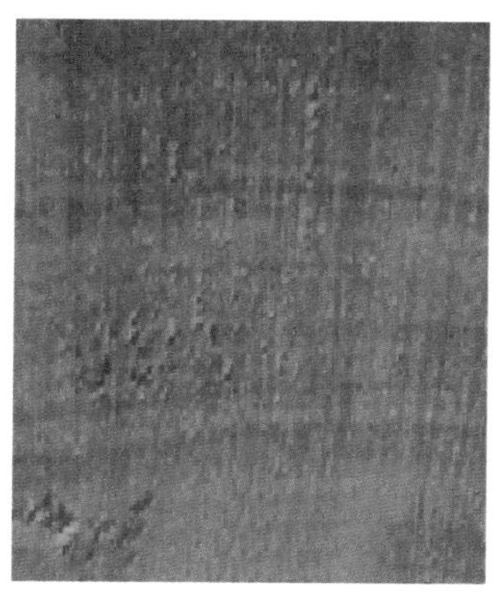
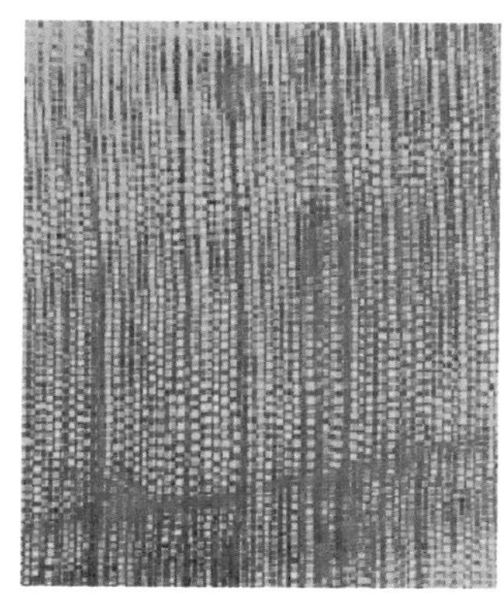
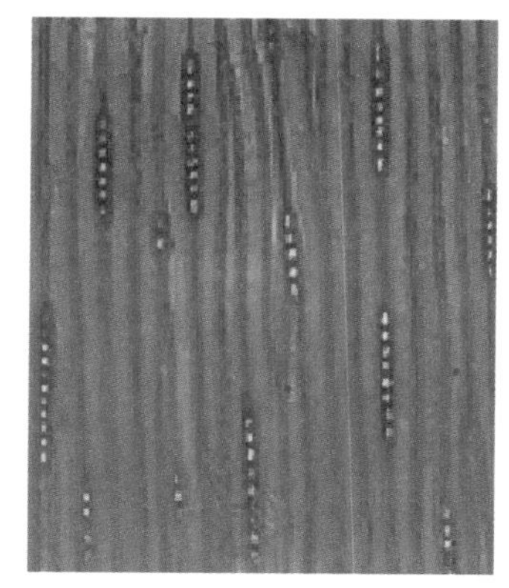

图 8.2.9　柏木（显微镜下看柏木）

十、野桉

野桉（图 8.2.10），常绿乔木，高度可达 30m，腰径可达 60~80cm。原产于澳大利亚，我国华南地区亦产。心边材区别略明显，心材呈红褐色，边材呈红褐或暗红褐色。生长年轮明显，散孔材。气干密度为 0.53~0.75g/cm^3，硬度、强度中，耐腐性、抗虫性均强，胶粘容易，切削容易。

野桉很适合在古建筑工程中多方面选择使用。

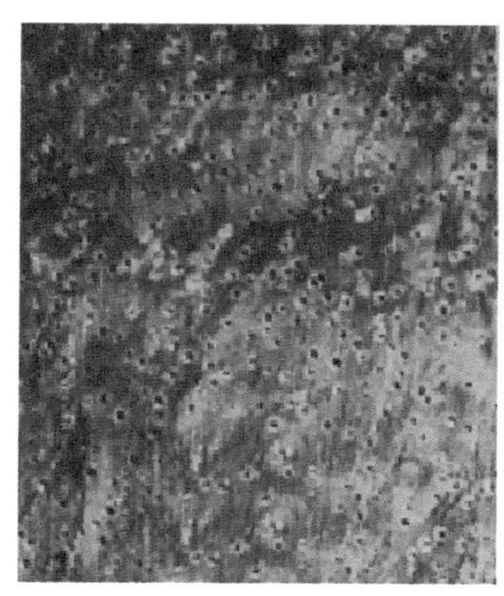
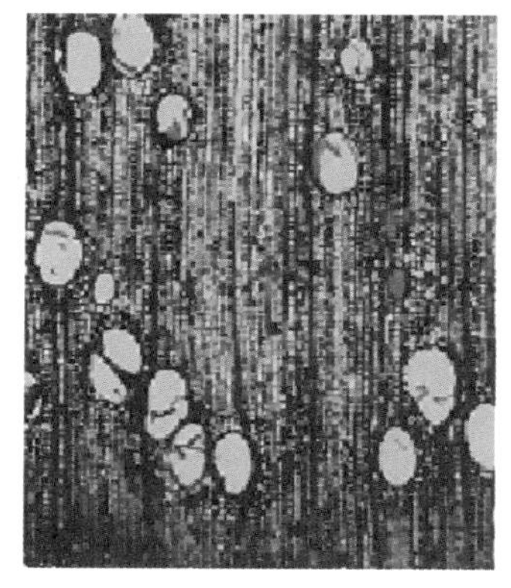
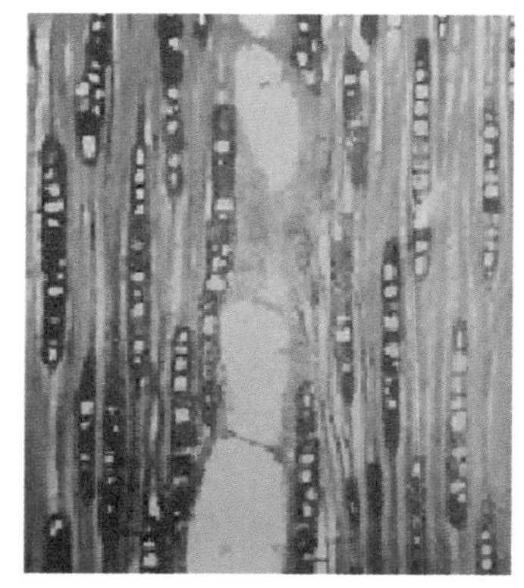

图 8.2.10　野桉（显微镜下看野桉）

十一、榉树

榉树（图 8.2.11），落叶大乔木，高度可达 25m，腰径可达 30~40cm。主要产于我国西南、长江以南各省地区。心边材区别明显，心材呈浅栗褐色带黄，边材呈黄褐色。气干密度为 0.71~0.85g/cm^3。强度中、硬度高。天然耐腐性、抗虫性均强。胶粘容易，切削困难。可以广泛用于古建筑工程中，但要重视和做好油漆保护。在江浙一带有黄榉、红榉和血榉之分，树龄老则色更红称之为血榉，更受人珍重。

适合在古建筑工程主要受力构件方面选择使用。

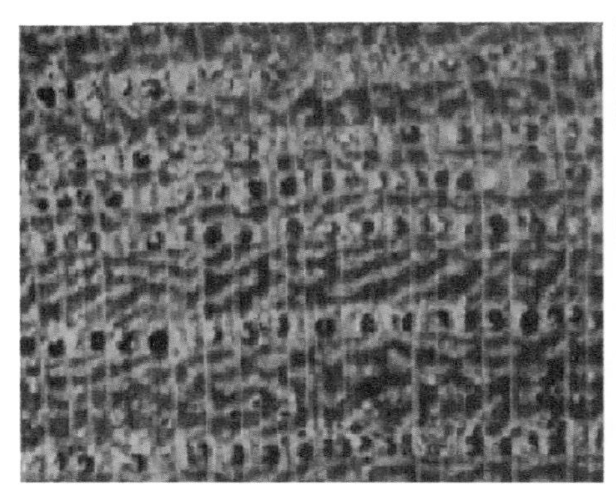 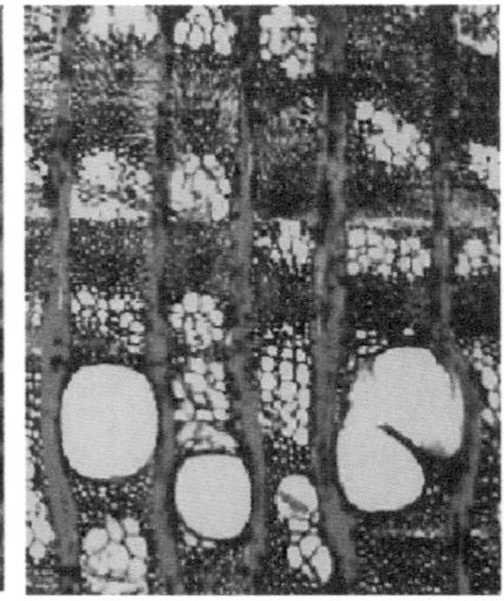 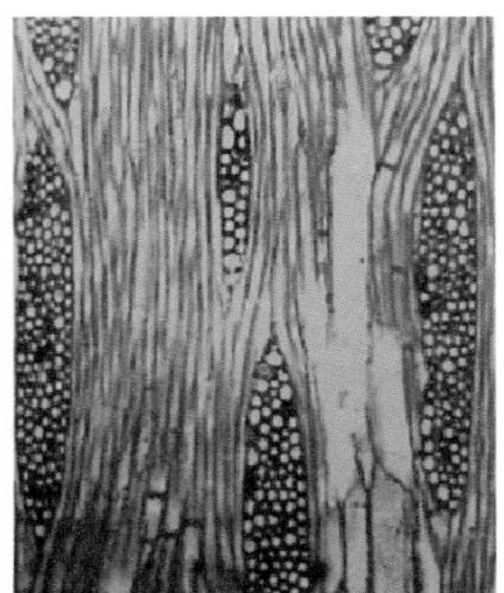

图 8.2.11　榉树（显微镜下看榉树）

十二、云杉

云杉（图 8.2.12），乔木，别名也称白松，高度可达 45m，腰径可达 80~100cm。主要产于我国山西、甘肃、四川等省。心边材区别不明显，木材呈浅黄褐色，早晚材缓变。木材纹理直，结构中而均匀。气干密度为 0.33~0.46g/cm^3。干缩中小、硬度、强度中。不耐腐，胶粘容易，切削容易。

在相对简陋建筑工程中做椽子、望板或多方面使用。

十三、水青冈

水青冈（图 8.2.13），乔木，高 度可达 25m，腰径可达 50~60cm。主要产于

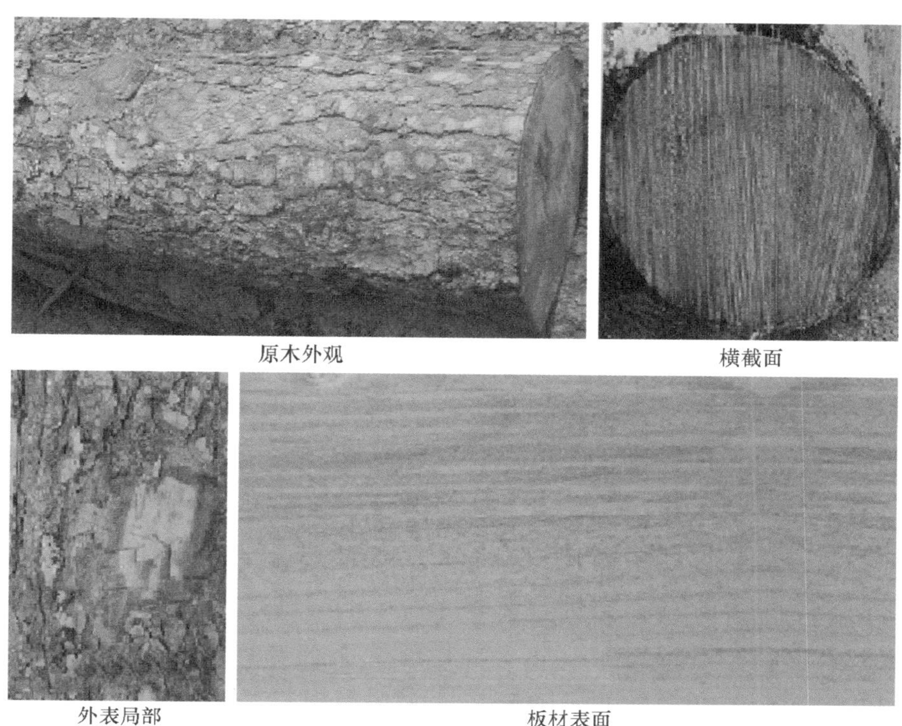

原木外观　横截面

外表局部　板材表面

图 8.2.12　云杉

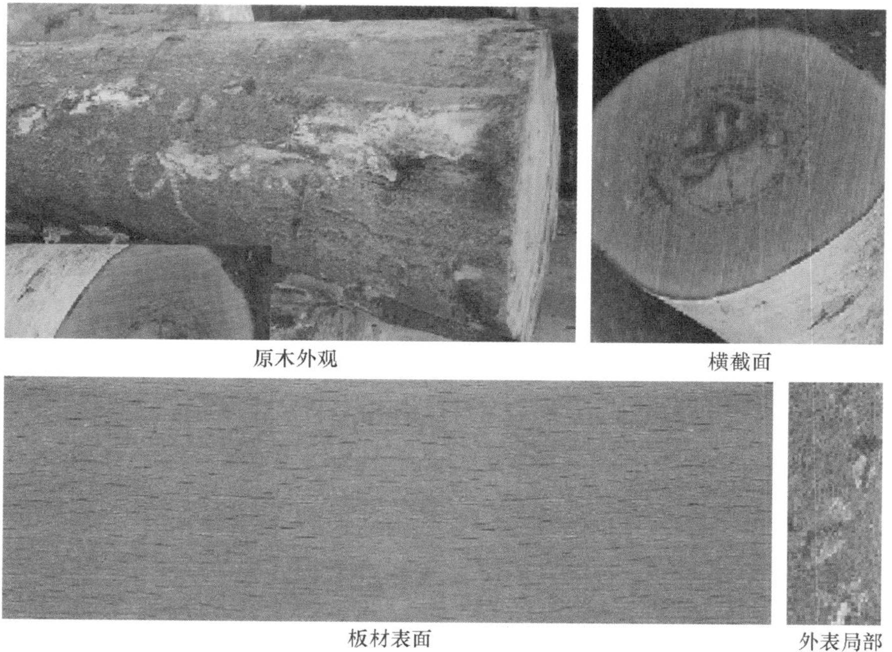

原木外观　横截面

板材表面　外表局部

图 8.2.13　水青冈

我国华南、西南地区。心边材区别不明显，木材呈浅红褐或红褐色，生长年轮略明显，木材纹理直，结构中，纹理细致优美。气干密度为 0.71~0.79g/cm^3。硬度、强度中，抗虫性中，容易胶粘，切削容易。

用于古建筑大木构件制作方面相当不错。

十四、黄杉

黄杉（图 8.2.14），乔木，高度可达 50m，腰径可达 80~100cm。主要产于我国云南、贵州、四川、广西、湖南、湖北等省区。心边材区别明显，木材呈红褐或橘红色，边材呈黄白至浅黄褐色。早晚材急变。气干密度为 0.53~0.58g/cm^3。硬度、强度中。容易干燥，木材纹理直，结构粗，不均匀。

可以用于制作古建筑大木构架中各类构件。

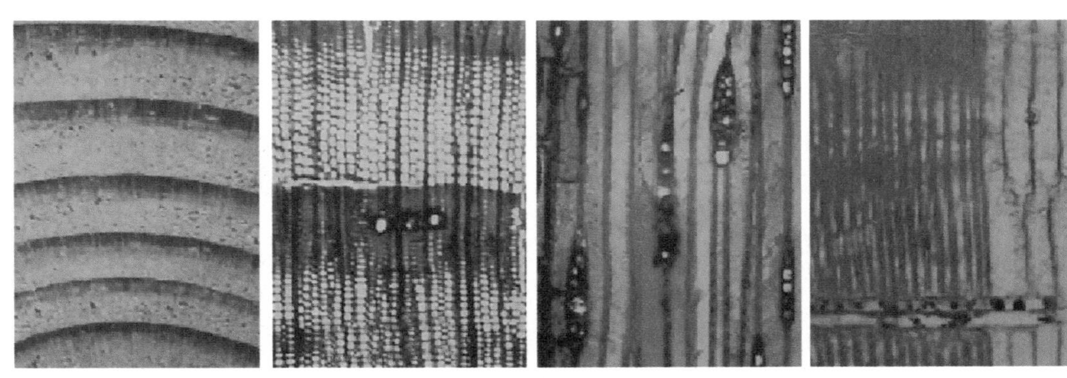

图 8.2.14　黄杉（显微镜下看黄杉）

十五、桢楠

桢楠（图 8.2.15），常绿乔木，高度可达 40m，腰径可达 80~100cm。主要产于我国西南、华南地区。心边材区别不明显，木材呈黄褐色带绿色，生长年轮明显，早晚材缓变。木材纹理交错，结构甚细，新切面有香气，易消失，味苦。气干密度为 0.51~0.68g/cm^3。易胶粘，强度低，硬度高。耐腐性、抗虫性均强。桢楠是高档家具和雕刻用的好木材，用作古建大木构件方面则很有档次。

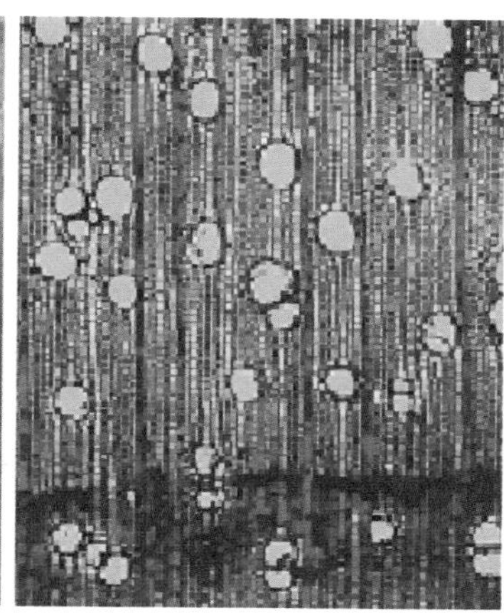
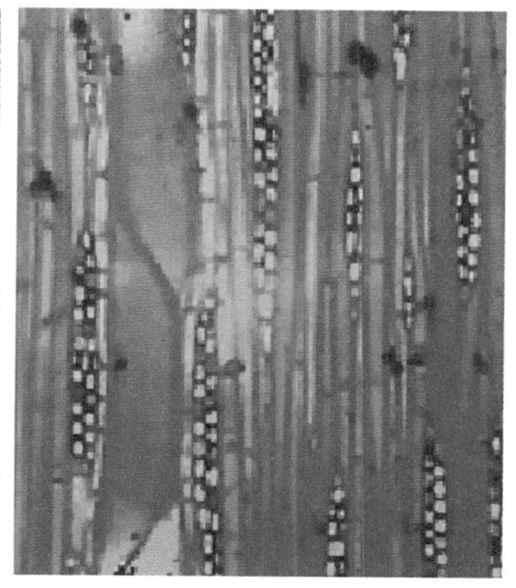

图 8.2.15　桢楠（显微镜下看桢楠）

第三节　几种进口类木材简介

下面对部分市场常见的几种进口木材的特征、特性作一些简要介绍，供广大从事古建筑工程行业的人士选择参考。

一、柞木

柞木（图 8.3.1），乔木，高度可达 30m，胸径可达 80~100cm。主要产于苏联、蒙古、日本及朝鲜半岛等国家和地区。心边呈材区别明显，心材呈浅黄褐色或暗浅褐色，生长年轮明显。木材纹理直，结构略粗，不均匀。胶粘性能好，强度高、硬度高。气干密度为 0.66~0.77g/cm^3。木纹美观，用途多。可以用于古建筑梁柱和装修方面。

二、红栎（栎木）

红栎（图 8.3.2），乔木，高度可达 24m，胸径可达 60~90cm。主要产于欧洲、北非、北美等地。心边材区别略明显，心材呈粉红至淡红褐色，边材呈稍白至

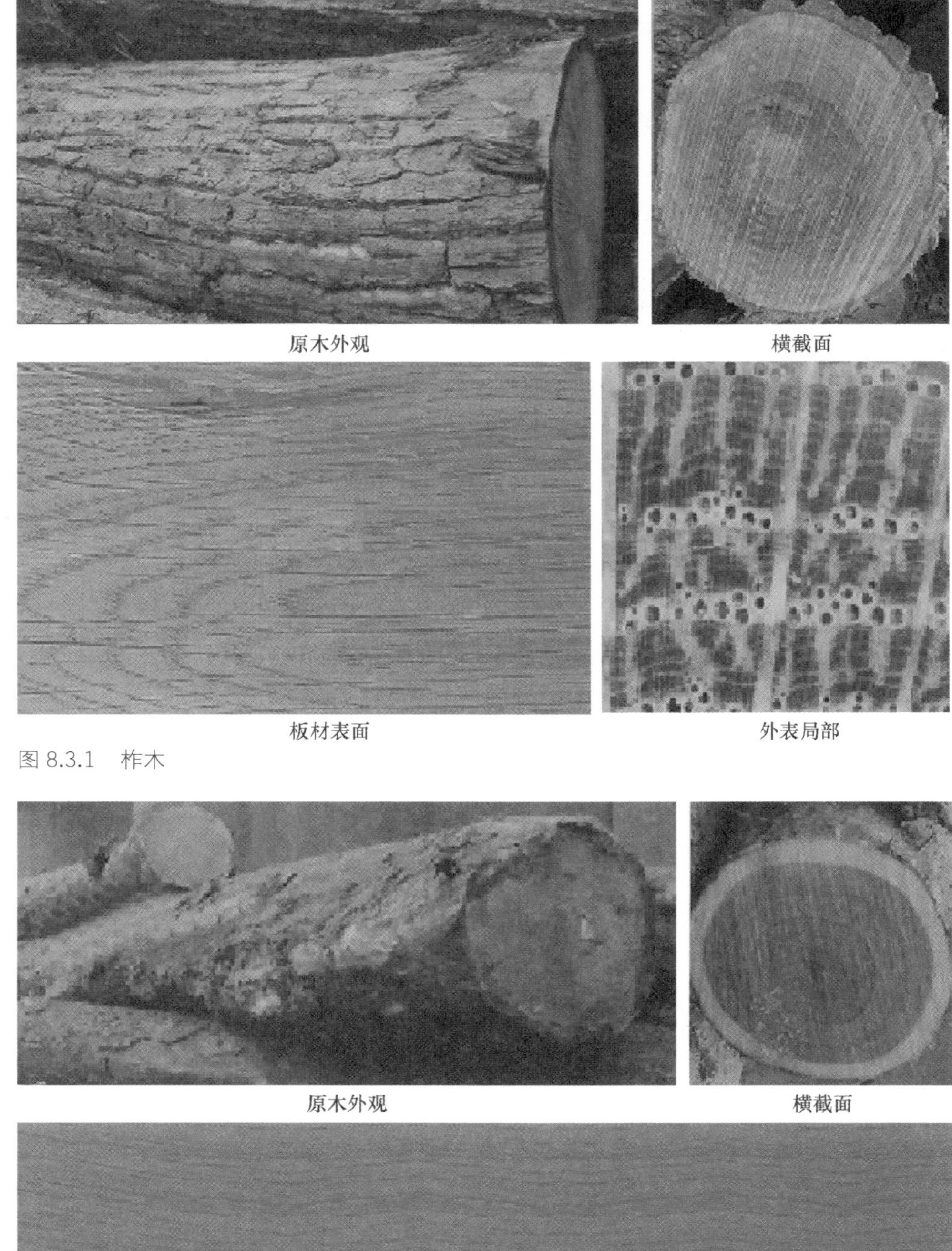

原木外观　横截面

板材表面　外表局部

图 8.3.1　柞木

原木外观　横截面

板材表面

图 8.3.2　红栎

浅灰或浅红褐色。生长年轮明显。木材纹理直，结构粗。胶粘性能好，强度高，硬度大。气干密度为 0.58~0.69g/cm^3。多用于地板、家具等，也可以用于古建筑梁柱和装修方面。

三、坤甸铁樟

坤甸铁樟（图 8.3.3），乔木，高度可达 30m，胸径可达 90~120cm。主要产于马来西亚、印度尼西亚、菲律宾等地。心边材区别明显，心材呈黄褐色至红褐色。木材纹理直或略斜，结构细至中。气干密度为 1.00~1.20g/cm^3。强度甚高，硬度高。耐腐性强，抗白蚁。

可以用于古建筑梁、柱、檩、桁、地板、楼梯等。

原木外观　横截面

板材表面

图 8.3.3　坤甸铁樟

四、木荚豆

木荚豆（图 8.3.4），又名“金车木”“金车花梨”，常绿大乔木，高度可达 40m，胸径可达 90~120cm。主要产于南亚缅甸、印度、柬埔寨、泰国等国家。心边材区别明显，心材呈红褐色，具有深色条纹，边材呈浅粉红色。生长年轮明显。木材纹理不规则交错，结构细。强度、硬度很高。气干密度为 0.81~1.23g/cm^3，心材耐腐。

可用于建筑、造船、楼梯、地板、古建筑大木构架等。

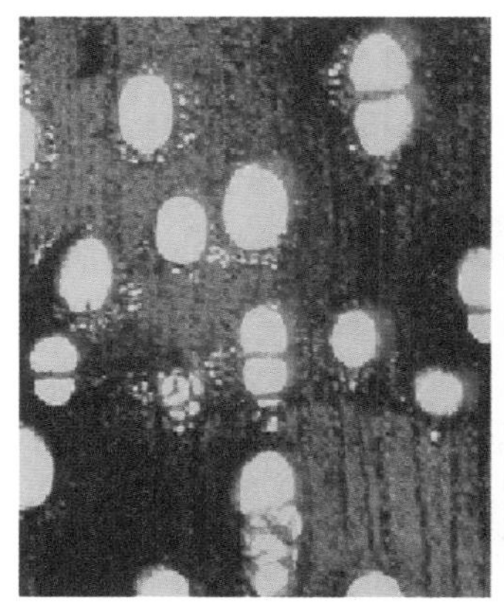
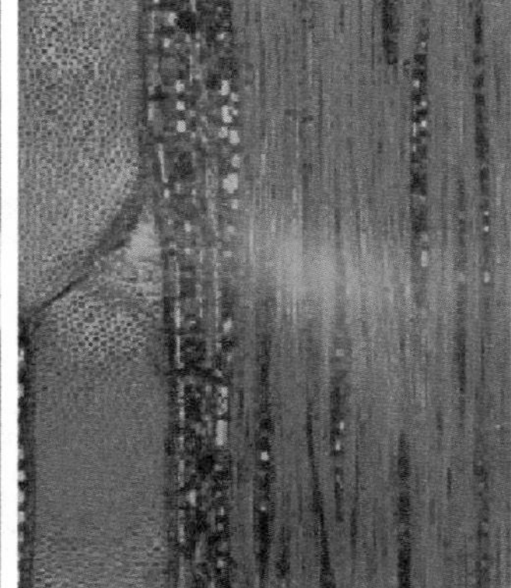

图 8.3.4　木荚豆（显微镜下看木荚豆）

五、菠萝格（印茄）

菠萝格（图 8.3.5），大乔木，高度可达 50m，胸径可达 120~150cm。主要产于东南亚各国及澳大利亚、斐济等国家。心边材区别明显，心材呈暗红色或暗浅褐色，略具深色条文，边材呈浅黄白色。生长年轮不明显。木材纹理交错，结构粗。强度高，硬度中，耐腐。气干密度为 0.79~0.81g/cm^3。

可作为仿红木使用。标准名称是“印茄”，近年来国内特别是南方地区用于古建筑梁柱和装修方面。

原木外观　横截面

板材表面

图 8.3.5　菠萝格

六、山樟

山樟（图 8.3.6），大乔木，高度可达 30~60m，胸径可达 100~200cm。主要产于马来西亚等国家。心边材区别明显，心材呈玫瑰红色、橙色或红褐色，边材呈浅黄色或灰黄褐色。木材纹理直，结构略细。强度、硬度高、耐腐性强。气干密度为 0.58~0.82g/cm^3。可以用于古建筑梁、柱、檩、枋等和装修方面。

七、红花梨

红花梨（图 8.3.7），大乔木，高度可达 30m，胸径可达 100~150cm。主要产于喀麦隆、加蓬、刚果等国家。心边材区别明显，心材新切面呈血红色，久

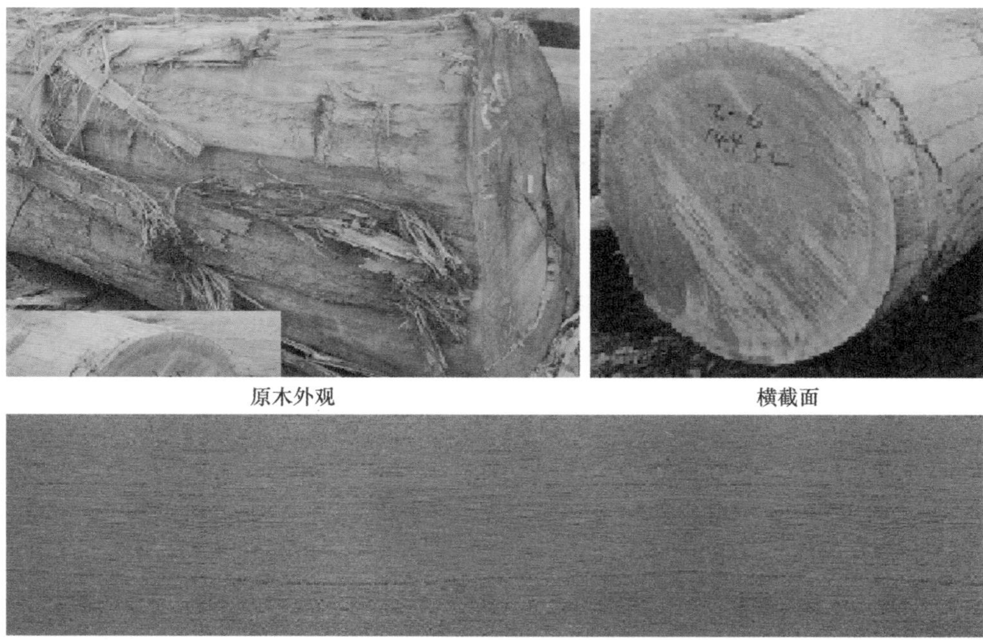
原木外观　横截面

板材表面

图 8.3.6　山樟

原木外观　横截面

板材表面

图 8.3.7　红花梨

则变为紫红褐色，边材呈黄白色。木材纹理直或略交错，结构中，强度、硬度中。气干密度为 0.50~0.72g/cm^3。干燥性能良好，心材耐腐。

多用于地板、高档家具等，也可以用于古建筑梁柱檩枋和装修方面。

八、进口松（花旗松、洋松）

花旗松（图 8.3.8），大乔木，高度可达 24~60m，胸径可达 100~200cm。主要产于美国和加拿大西南一带地区。心边材区别略微明显，心材呈橘黄褐色至红褐色，调边材呈灰白色。生长年轮明显。早晚材缓变。木材纹理直，结构中。胶粘性能好，硬度中、强度高。心材具有松脂香味。气干密度为 0.49~0.55g/cm^3。可以用于古建筑梁、枋、柱子和框类板类等方面。

图 8.3.8　进口松

九、甘巴豆

甘巴豆（图 8.3.9），又称“金不换”“康帕斯”，大乔木，高度可达 30~55m、胸径可达 300~400cm。主要产于马来西亚、印尼、文莱等国。心边材区别明显，心材呈暗红褐色略有深色条纹，边材呈浅黄白色。木材纹理交错，结构粗。强度中，硬度中，耐腐。气干密度为 0.77~1.10g/cm^3。多用于桥梁、地板、建筑等。也可以用于古建筑梁、柱、檩和装修等。

原木外观　横截面

板材表面

图 8.3.9　甘巴豆

十、马尼尔豆

马尼尔豆（图 8.3.10），乔木，高度可达 20m，胸径可达 80~100cm。主要产于东南亚等国家。心边材区别不明显，心材呈褐色或红褐色，有时有金色光泽。木材纹理交错，结构略粗，强度中，硬度中。气干密度为 0.73~0.84g/cm^3。可以用于古建筑梁、柱、枋、檩和装修等方面。

原木外观

横截面

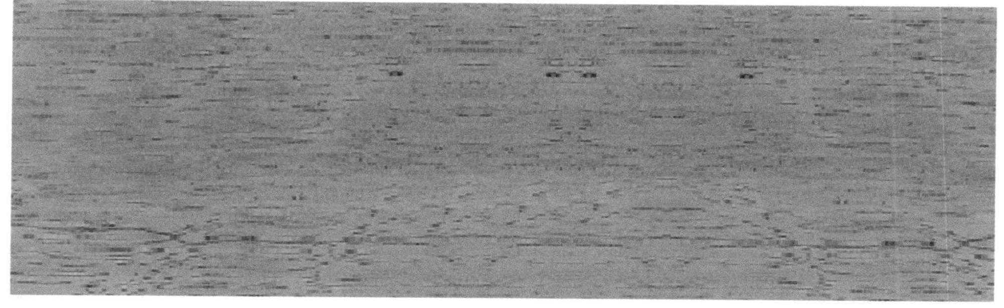
板材表面

图 8.3.10　马尼尔豆

前面简要介绍了部分常见和常用木材的基本特征，具体在选择方面还需要结合使用时的实际要求，认真分析其功能特性、用途目的、成本价值、观感效果等多方面因素综合决策、灵活掌握。

传统民间匠师面对现场复杂多样而又存在诸多局限的材料材质之实际情况时，更多的是因材制宜、合理利用，相对比较、优化搭配，发挥匠艺技能、提高材料利用率，凭依匠德良心、施展匠艺技巧，保证工程质量、增进建筑美感。

传统民间古建筑施工，在梁柱类构件方面直接利用原木情况比较多，针对重要的和有特殊要求的建筑内容才实施制材加工。

第四节　几种木材实木样板比较认识鉴别对照

一、几种檀木比较（图 8.4.1）

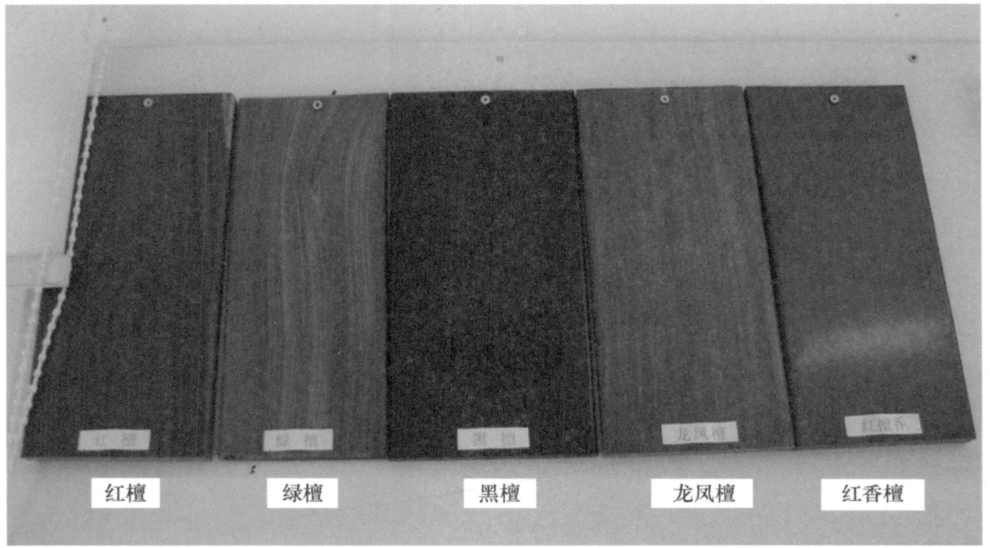

图 8.4.1　几种檀木比较

二、柳桉、沙比利等比较（图 8.4.2）

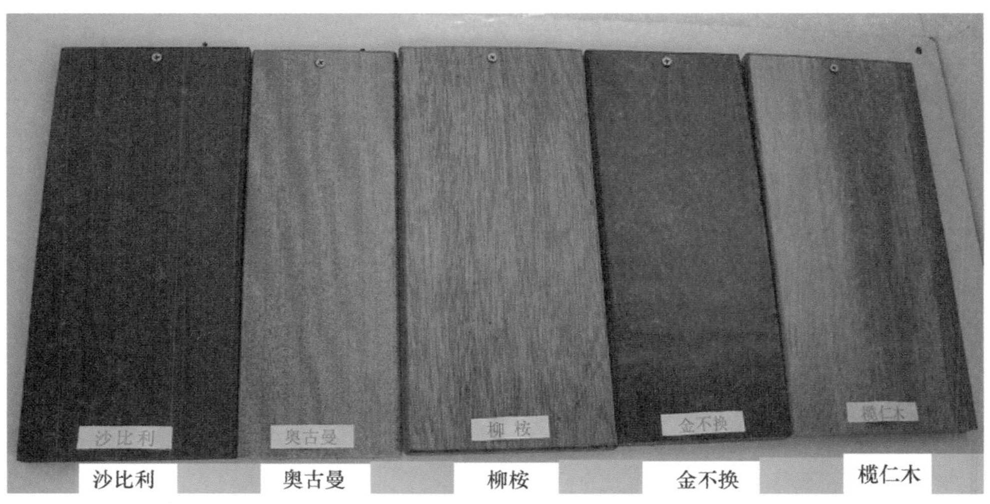

图 8.4.2　柳桉、沙比利等比较

三、几种板材比较（图 8.4.3）

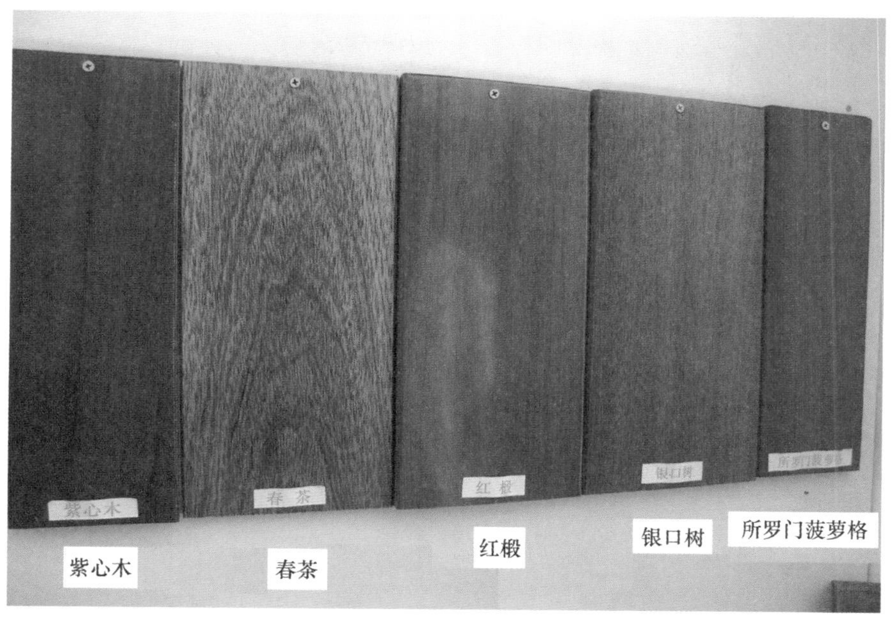

图 8.4.3　几种板材比较

四、几种菠萝格比较（图 8.4.4）

图 8.4.4　几种菠萝格比较

五、菠萝格与其他比较（图 8.4.5）

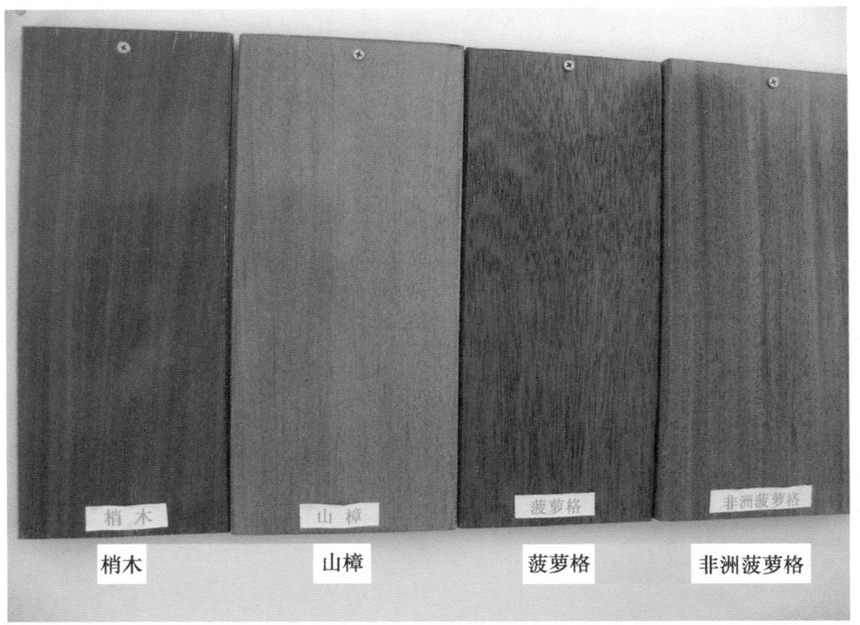

图 8.4.5　菠萝格与其他比较

六、鸡翅、灰皮比较（图 8.4.6）

图 8.4.6　鸡翅、灰皮比较

七、多种不同木材（图 8.4.7~ 图 8.4.9）

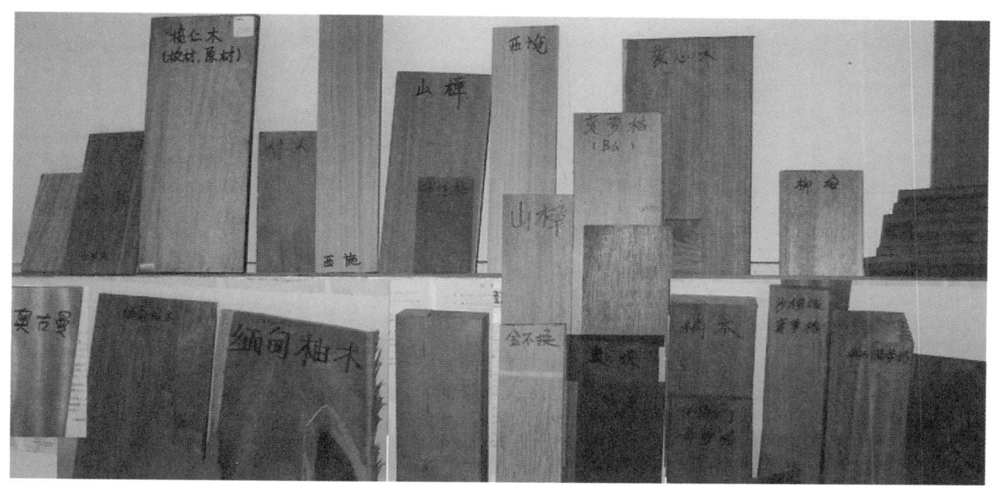

图 8.4.7　多种不同木材比较

图 8.4.8　几种不同木材比较（一）

图 8.4.9　几种不同木材比较（二）

第五节　木材断面形状规格与抗弯力度的关系

木材圆形、半圆形截面几何力学特征见表 8.5.1。

表 8.5.1　木材圆形、半圆形截面几何力学特征

计算数据	字母	断面　形状				
					$b=\frac{d}{2}$	$b=\frac{d}{2}$
截面高度 /cm		d	$0.5d$	d	$0.933d$	$0.866d$
截面面积 A/cm^2		$0.785d^2$	$0.393d^2$	$0.393d^2$	$0.763d^2$	$0.704d^2$
自中性轴至边缘	z_1	$0.5d$	$0.21d$	$0.5d$	$0.447d$	$0.433d$
纤维的距离 /cm	z_2	$0.5d$	$0.29d$	$0.5d$	$0.486d$	$0.433d$
截面惯性矩 $/cm^4$	l_x	$0.0491d^4$	$0.0069d^4$	$0.0245d^4$	$0.0441d^4$	$0.0395d^4$
	l_y	$0.0491d^4$	$0.0245d^4$	$0.0069d^4$	$0.0488d^4$	$0.0485d^4$
截面惯性矩 $/cm^3$	w_x	$0.0982d^3$	$0.0238d^3$	$0.0491d^3$	$0.0908d^3$	$0.0921d^3$
	w_y	$0.0982d^3$	$0.0491d^3$	$0.0238d^3$	$0.0976d^3$	$0.0970d^3$
最小回转半径 i_{min}/cm		$0.025d$	$0.1322d$	$0.1322d$	$0.2406d$	$0.231d$

表 8.5.1 中数据供参考比较，传统古建筑木构架主要构件规格大小，匠人师傅们基本上是凭借一代一代师傅传承的经验概念和自己长期观察学习及对各种不同材质不同跨度承载力度的认识并结合观感效果而决定。

木材矩形截面几何力学特征见表 8.5.2。

表 8.5.2　木材矩形截面几何力学特征

h \ b	字母	5	6	8	10	12	14	16	18	20
10	A	50	60	80	100	120	140	160	180	200
	I	417	500	667	833	1000	1167	1333	1500	1667
	w	83	100	133	167	200	233	267	300	333

续表

h \ b	字母	5	6	8	10	12	14	16	18	20
12	*A*	60	72	96	120	144	168	192	216	240
	I	720	864	1152	1440	1728	2016	2304	2502	2880
	w	120	144	192	240	288	336	384	432	480
14	*A*	70	84	112	140	168	196	224	252	280
	I	1143	1372	1829	2287	2744	3201	3650	4116	4573
	w	163	196	261	327	392	457	523	588	663
16	*A*	80	96	128	160	192	224	256	288	380
	I	1070	2048	2731	3413	4096	4779	5461	6144	6827
	w	213	256	341	427	512	597	683	763	856
18	*A*	90	108	144	180	216	252	288	324	360
	I	2430	2916	3888	4860	5832	6804	7776	8748	9720
	w	270	324	432	540	648	756	864	972	1080
20	*A*	100	120	160	200	240	280	320	380	400
	I	3333	4000	5333	6667	8000	9333	10677	12000	13333
	w	333	400	530	667	800	933	1067	1200	1333
22	*A*	110	132	176	220	264	308	352	396	440
	I	4437	5324	7099	8873	10648	12423	14197	15972	17747
	w	403	484	645	968	968	1129	1291	1452	1613
24	*A*	120	144	192	288	288	336	384	432	480
	I	5760	6912	9216	13824	13824	16128	18432	20738	23040
	w	480	576	768	1152	1152	1344	1536	1728	1920
26	*A*	130	156	208	312	312	364	416	468	520
	I	7323	8788	11717	17576	17576	20505	23435	26364	29293
	w	563	676	901	1352	1352	1577	1803	2028	2253
28	*A*	140	168	224	280	336	392	448	504	560
	I	9147	10976	14640	18293	21952	25611	29289	32928	36587
	w	653	784	1045	1568	1568	1829	2091	2352	2613
30	*A*	150	180	240	300	360	420	480	540	600
	I	11250	13500	1800	22500	27000	31500	36000	40500	45000
	w	750	900	1200	1500	1800	2100	2400	2700	3000

注：*b* 为断面横向尺寸，cm；*h* 为断面竖向尺寸，cm；*A* 为截面积，cm^2；*I* 为对主轴的惯性矩；*w* 为截面抵抗矩。

第六节　大木构件的下料选材要求

古建筑斗拱选材要求标准见表 8.6.1。

表 8.6.1　古建筑斗拱选材要求

序号	构件类别	腐朽	木节	斜纹斜率	虫蛀	裂缝	髓心	含水率
1	大斗	不允许	构件任何一面 15cm 长度上的木节总和不得大于该面的 1/2。 死节不允许	斜文斜率须小于 12%	不允许	不允许	不允许	不大于 18%
2	翘、昂、耍头、撑头木	不允许	构件任何一面 15cm 长度上的木节总和不得大于该面宽的 1/4。 死节不允许	斜文斜率须小于 8%	不允许	不允许	不允许	不大于 18%
3	单材足材	不允许	构件任何一面 15cm 长度上的木节总和不得大于该面宽的 1/4。 死节不允许	斜文斜率须小于 10%	不允许	不允许	不允许	不大于 18%
4	正心枋内外拽枋	不允许	构件任何一面 15cm 长度上的木节总和不得大于该面宽的 1/3	斜文斜率须小于 10%	不允许	不允许	不允许	不大于 18%

注：1. 含水率指该构件全截面的平均值。
2. 斗拱用材宜选用纹理结构好、硬度高的材质类木种。

古建筑大木构件选材要求标准见表 8.6.2。

表 8.6.2　古建筑大木构件选材要求

序号	构件类别	腐朽	木节	斜纹斜率	虫蛀	裂缝	髓心	含水率
1	柱类构件	不允许	活节：数量不限，每个活节直径不大于周长的 1/6。 死节：直径不大于周长的 1/5，且每两米长度不多于两个	斜文斜率须小于 12%	不允许（表面轻微虫眼可不计）	外部径裂缝深度不得大于柱子直径的 1/3，轮裂不允许	不限	不大于 25%

续表

序号	构件类别	腐朽	木节	斜纹斜率	虫蛀	裂缝	髓心	含水率
2	梁类构件	不允许	活节：每个活节直径下部不大于该面的1/8、上部不大于1/5。 死节：每两米长度不多于1个、节直径上部不大于30mm，下部不大于15mm	斜文斜率须小于8%	不允许（表面轻微虫眼可不计）	外部径裂缝深度不得大于柱子直径的1/3，轮裂不允许	不限	不大于25%
3	枋类构件	不允许	活节：每个活节直径不大于该面的1/6。 死节：每两米长度不多于1个、直径上部不大于20mm，卯榫部位不允许有	斜文斜率须小于8%	不允许	榫卯部不允许，外部径裂缝深度不得大于该件厚度的1/3，轮裂不允许	不限	不大于25%
4	板类件	不允许	任何15cm长度内木节尺寸总和不大于所在面宽的1/3	斜文斜率须小于10%	不允许	裂缝深度不得大于厚度的1/4，轮裂不允许	不限	不大于10%
5	檩类构件	不允许	任何15cm长度内木节尺寸总和不大于周长的1/3，每个木节最大尺寸不大于周长的1/6。 死节不允许	斜文斜率须小于8%	不允许	榫卯处不允许外部径裂缝深度不得大于直径的1/3，轮裂不允许	不限	不大于10%

注：1. 含水率指该构件全截面的平均值。

2. 杨木类软材质不得用于主要承重构件。

3. 外部裂缝：径裂、轮裂、活节、死节、斜纹。

4. 梁、檩、枋等横向受力构件按其安装情况下部要求严于上部。

第九章　谈古论匠

——浅谈古建筑匠人匠艺匠德的传承与发展

《说文解字》中对“匠”这样解释：人们对干木活的人称之为“匠”人。（事实上仅建筑匠人还包括石匠、泥瓦匠、麻绳匠、画匠，还有人们习惯上将七十二行手艺人也都称为匠人）

一提到木工可能很多人会想到的是：斧子锯子、凿子刨子、门窗、柜子、桌椅、床凳、房子等。

难道这不对吗？这没有错！

可是我们再深入仔细思考一下，在传统社会发展中木材木器、木匠木工、房舍设施、木作用品，与人们的生活关系多么密切，有两段顺口溜来表述：

（一）

房屋家具、槅扇天花，大院门楼、秀雅垂花；
迎亲花轿、桌几凳床，门楣扇框、锁门木杠；
农耕用具、碾房磨房，五谷收打、车船运拉；
粮食储藏、板塔柜房，桶盆木制、生活厨房；
纺织器械、抽水轮框，河道桥梁、村堡门坊；
牛车马车、手推人拉，轿车轿船、兵器炮架。

（二）

官宅府院、宫廷殿堂，亭台楼阁、轩榭廊舫；
民宅大院、街头牌坊，过街戏楼、雕刻精装；
村心戏台、活板安放，堂院门楼、匾额悬挂；
寺观庙宇、宗祖祠堂，城楼署衙、商铺店房；
驿站店铺、堡庄栅栏，营寨旗杆、野外坟房；
千村百镇、戏台各样，百家宅院、千变万化。

很多方面的建筑设施、生活用具均需木匠出面、木工制作、用木质材料木制品来完成。

就是在近现代工业化发展很多的机械造过程中，比如复杂的发动机机体、变速箱箱体、各种管道弯头阀门等内容在铸造制模环节上早期亦离不开木匠的参与制作。

木匠是一个包括内容较为复杂、广阔、庞大的行业，是一个智力需求很宽、很深的行业，是一个吸引世间所有爱动脑筋人士的行业，曾经有帝王、总统及很多军政要员、艺术名人都是木匠出身。

（元代顺帝、明代熹宗均特喜爱做木匠操作活，被人们称为“鲁班天子”；刘少奇、李先念、李瑞环、李长春、杨虎城、齐白石、卡特、布什、普金等也曾经是木工。）

浅点说，能锯、能刨就是木工。

深点说，各地历史遗留及后来续建的殿堂楼阁之主体结构骨架、精美的内外木装修与室内布置的家具用品等，亦都是木匠所作。历史上传统农业社会漫长，手工业从业人员大多要有出色的手工操作技艺能力，木匠尤其是那些成熟匠师是很受人们崇敬的。

（古代没有“工程师”职称一说，传统建筑行业初学为徒，进而是徒工、工人，然后是工匠、匠人，再提高就是匠师、成熟匠师，也就是古代建筑“工程师”了）

难点说，宫殿的繁华复杂、车船的动态坚固、农具的硬卯无楔、机械的精细无误、楼阁的百年久立、各种戏台的造型变化、装饰装修的舒适美感等哪一样难题亦均要由有心的优秀传统木匠师傅们熟练掌握并操作完成。

在古代农业社会中，建筑匠人师傅在民间虽算一个相对吃香的行业，但是成为匠人之前要经过艰辛的拜师学艺、劳动实践过程，也就是入行拜师当徒弟，从徒工慢慢成为工人，再边学边干成为工匠，继续努力学习积累业绩、积累经验、树立人格品德、弄通难点难题、掌握难题处理技术，使得自己逐渐成为独立匠人，进而成为成熟匠师，要几十年坚定不移地执著追求，虽说未必保证，但总会是成功有望。

传统过去成为古建匠人师傅是全凭实践中钻研磨练学习提高的，不像现在可以通过读书而学得工程师应有知识。

不过据老前辈师傅们讲，过去在古建行业内除师徒关系外，同行同事间是凭技术、技能、业绩、成果、拼搏而论位次的，谁行谁不行要看手艺、看功夫、看技能、技巧，看业绩、作品。

外行人对工程根本插不上手，财主兴建宅院、乡绅建戏台庙宇、族长建祠堂、出家人修建寺院等，都是要认真选择，恭请当地或外乡的优秀匠人师傅分土作、石作、大木作、泥瓦砖作、小木作、油画作各行好样的手艺人来具体操作各自工序内容，其中由大木作师傅主持工程顺序协调。

一般像一个整院建设工程会自然形成匠人师傅们的手艺展示机会、锻炼成长环节、功夫比赛校场、各个师徒班技艺实力竞赛与名誉竞争比较过程。

操作技艺、操作功夫、操作能力是一个匠人师傅成长发展最为基础的条件，没有这一基础，懂得再多也还是吃不开，没有人相信一个仅会说而不会干的人。

过去听老师傅们讲，在古代各行各业自治度高，像工程技术方面，工匠领域也是自治度较高，偶尔有少数外行人参与也仅能做一些跑腿联络、辅助服务工作，一般总是均以技艺高手为中心形成团队。

匠人，匠人，都有些犟劲儿！

越是优秀的匠人师傅犟劲儿好像越明显。

无论你在官场职位大小，

无论你继承父辈家业多少，

（那不算自己的本事，那是你的福气）

在他们内心里真正敬服的只有本行当操作功夫、技艺能力、操作技巧、人格品德、匠艺成就等都高于和优于自己的人。

匠人的犟劲儿既是缺点也是优点，这要分两头来说。

缺点方面：

匠人师傅的犟劲儿好似官员傲视平民，亦如富人傲慢穷人，又像文人鄙视力夫；同属于专业有成而修养不足！匠人们因有匠艺技术在身，也依仗技艺，况且也类似“各门学问知识之优势”，只要生命在，健康在，是轻易丢不掉的内在优势。所以匠人师傅们经常显示出一种对官长、对富人、对文化人不够礼敬，不愿意积极靠近，更有个别匠人压根儿就不想理会这些！也不免使自己错失业务合作良机，也不免在人事上吃些暗亏，也不免会让别人误认为是愚鲁、简单、愣气，或傻高傲、难相处！

优点方面：

匠人师傅们大多认为自己既有技术手艺，可设计施工一体化进行建造宅院、房舍、殿堂、楼阁、高塔、桥梁、园林、亭廊等及制作各种室内外适用设施、器具，又付出辛勤劳作奉献社会大众，从不白吃白拿，是有创造成绩、吃自己本事的。

他们内心有一股顶天立地的正义，内心鄙视那些没有自己专长、看不起劳作、不做成绩，想靠吃势力、吃关系、不劳而获的空手求财做法，保持着一股民间贤良、正人君子的浩然正气！

用一句话来说，他们是热爱劳动、专注学习、喜欢创新、乐观奉献、不畏困难、勇于攀登、内心公正、积极上进的一群人。

他们的手工艺技能是长期研究、动手操作熟练形成的，可以说是他们一生积累的功夫与经验，是别人抢不走的财富！

这些传统匠人师傅们通过劳作与创作集于一身的技艺、技巧、技能及经验与智慧也可以说是藏于民间的民族财富。

他们的这些操作功夫和专业经验，就是大学生毕业后愿意去学也不是三五年就可以掌握的，想达到和超越他们的水平，至少也得诚心跟随实习锻炼五至十年或更长时间。

在技术上，他们一般都甘心听师傅的。传统过去师徒帮就是个团队。

这个有传言也合乎传统，因为在古代连军队都是家军制，没有提枪上阵的本事是做不了将军的，很多历史文学中描述连大元帅也得自己有阵前迎敌、率队冲杀的本领！

否则，没人服气。

实干能力是基础，通过实干能力的展示赢得了名声，也给自己的师傅争光添彩。赢得了师傅的喜欢，师傅自然会早一天指点你工程中相对完整、关键、重要的结构构架及结点装置、卯榫工艺、装饰安排、材料搭配、尺寸权衡、程序环节、起手扫尾等多方面的要点诀窍、变通方法。

技术、技能优良，名声到位，自然会有人把子弟送到名下拜师学习。

技术优秀、名声良好、上有师傅下有徒弟，也就算成功匠人了。

受雇到东家建房修宅，也是被请来的师傅，不同于普通市面顾用日常间使用的长工、短工、临时工，或工地上顾用的小工、土工、劳力工。

当地民间传统习俗上，人们对动手能力优秀的手艺人是很尊重的，特别是那聚徒成群的建筑匠人师傅，这一点师傅的师兄姚老伯伯曾经讲过，他们的师傅早年曾经享受过县太爷登门拜访（因是县域之内建筑名匠的身份）。

“匠人”，人们习惯上也称“手艺人”，在那种环境氛围中匠人师傅们对自己手艺的提高、锻炼、学习是十分积极和重视的。

过去传统习俗上匠技、匠艺的提高是一个有志匠人的一生追求。

一座座年久挺立的建筑物或器物，用它们的经久坚固体现了原来建造匠师的匠艺与匠德。

过去，成熟的匠师徒弟成群，也是一个匠人的自豪；也意味着一个匠人的成功，他们艰辛的学徒练习过程，他们坚持不懈的奋发钻研多年、才有了最后的成绩。

对于丰富的操作经验、耀眼的业绩成果，他们都会十分珍惜，也严格要求徒弟们学艺时先学做人、恪守行业规矩，坚持操作中保持“精工昔料、积德子孙”“腰缠万贯、不如一艺在身”“学艺不精、有负祖宗”等工匠行业习俗要求和基本规矩。

他们一代一代的相继传承着师傅言传身授的匠艺与匠德。

民间传统匠艺与匠德是我们中华优秀传统文化中的组成部分！

一座木构建筑能延长几十年寿命，亦就等于有一片树林又多与人类共生存几十年。

记得在1969年冬天的一个晚上，师傅在家中炕上坐着给我讲楼阁戏台的构架方式、方法、技巧等技术诀窍时，又提到他师傅原来对于一些重要环节的关键技术做法与技巧诀窍，只优先教给干活儿出色的几个徒弟，理由很简单，让努力的人有奔头、让实干的人看到希望。

他还说：“勤劳实干的人你不看重，以后谁还会勤劳实干？勤奋专注、技秀艺高的你不扶持，以后谁还会勤奋学习努力专心？这就是坐到师傅位置上的天地良心。”

（当前我们古建筑工地普遍存在工匠人员老龄化、工匠行业后继无人的现象，可见扭转与改变我们用了多年的管理方式有多么的重要、多么的紧迫）。

我们及我们民族的未来十分需要这些匠艺与匠德的传承发展。

匠艺成熟、匠德到位是建筑质量提高、寿命延长的重要核心环节。

尊重匠人、鼓励匠人提高匠德、钻研匠艺，是全社会、更是古建筑工程管理部门所有人的神圣职责。

匠艺技术操作有部分工作内容或许可能被现代机械化操作取代，但匠人之匠德则更需要继续发扬与继承发展。

中国古建筑民间匠艺与匠德文化是中华优秀传统文化的一个组成部分，它有着深厚的民间匠艺特性，千百年来代代相传，不断地变化发展进步，留下了很多优秀的匠艺作品（在前面概览构架图片中可见一斑）。

其实民间古建筑匠师技术、匠艺技能、操作技巧等仅用文字与图片是不可能完整表达与传承的，它需要用心体悟，它需要日常间坚持操作练习、它需要传统匠德的传承感染。

它是一种艺术，有时候整体展示，有时候局部体现，有时侯看不清、说不明是靠它年久存在而让后人体悟。

它或许是整座建筑、或许是局部形式、或许是某点构造特色、或许是某处结构特点、或许是某个装饰亮点、也或许是外表不显的卯榫结合匠艺艺术。

它依靠传统匠师们用心凝结于建筑作品而留存传世。

它要靠徒子徒孙及后人们用心体悟、执著研究、操作运用而继承。

书籍、图文仅能够传播些概念知识与模式化技术内容，古建筑匠师艺术则是一种包含情感、观念，信仰、哲理，物理、材性，结构、构造，美感、力学，水土、气候，民俗、风水、风情等多方面于一体的无声体现。所以说："古建筑传统匠艺文化是一种无声音、无动作，有美学、有功能，常伴于生活环境中的静态结构与形式展示艺术。"

中华民族在历史上是一个匠人、匠作、匠技、匠艺十分丰富与发达的民族，曾经有数不尽的匠艺建筑与匠技制作器具、物品流传普惠于后世。

中华民族历来就是最勤劳、最爱学习，亦最能吃苦、最有专注、钻研、探索创新精神的民族。如果我们行业内能够率先在各自公司、各自工地以技能、技术、工艺、操作经验、实际能力、经营业绩作为重要的选择认定人才的用人标准，我们全社会各环节都能够创建恢复与推动复兴匠人成长发展之空间环境，到时必定会有众多的成熟、优秀的技工、工匠、匠人、匠师再度成长涌现出来，满足行业与社会需求，推动传统营造匠艺技术水平的总体再提高！

配图索引

第一章　山西古建筑图片概览（P3~30）

第一节　寺庙类

图 1.1.18　山西晋中乌金山龙王庙
图 1.1.19　大同法华寺
图 1.1.20　山西榆次城隍庙
图 1.1.21　五台山某寺内景
图 1.1.22　山西五台山尊胜寺
图 1.1.23　山西五台山某寺侧院
图 1.1.24　山西五台山某寺一角
图 1.1.25　山西介休后土庙大殿
图 1.1.26　侧望介休后土庙屋顶

第二节　楼阁类

图 1.2.1　太原汾河公园
图 1.2.2　平遥市楼
图 1.2.3　山西寿阳朝阳阁（2004 年复建）
图 1.2.4　大同藏经楼
图 1.2.5　榆次老城思凤楼、市楼
图 1.2.6　榆次老城凤鸣书院藏书楼
图 1.2.7　榆次老城清虚阁
图 1.2.8　大同城墙角楼
图 1.2.9　大同鼓楼
图 1.2.10　晋中乌金山国家森林公园玉皇阁
图 1.2.11　介休祆神楼
图 1.2.12　介休祆神楼石碑
图 1.2.13　山西应县释迦塔

第三节　宅院类

图 1.3.1　晋中大院
图 1.3.2　山西乔家大院一门
图 1.3.3　山西乔家大院南院

第四节　牌坊类

第五节　亭廊类

第六节　戏台类

第七节　署衙、书院类

第八节　城楼、商铺类

第二章　山西留存古建筑选例（P31~43）

第一节　几座代表性古建筑简介

第三章　地方民间匠艺要点选例（P57~64）

第一节　减柱造实例

第二节　角梁尾挑金做法

第三节　抹角梁出头挑檐檩

第四节　简化斗拱、异形斗拱的运用

第五节　弯梁、弯檩的巧妙使用

第六节　部分大木结构构架方式

第四章　民间匠艺做法述要（P74~105）

第六章　民间匠艺匠德与行业习俗（P148~154）

第三节　听老匠人师傅讲述传统卯榫工艺

第七章　传统木作常用工具（P157~166）

第一节　古建传统常用手头工具简介

第二节　手把工具概览

第八章　古建筑工程常用木材简介（P171~193）

第二节　部分国产类木材

第三节　几种进口类木材简介

第四节　几种木材实木样板比较认识鉴别对照

后　记

作为在中国传统家庭长大的我，从小生活在山西，对中国古代建筑艺术有着特殊的爱好与追求。因此我从各方面系统学习了古建筑艺术，包括拜访名师、参阅技术专著、考察史留建筑实例等。不同时代、不同地域产生了多样化的建筑风格与建筑细节，传载着中华民族古来的优美建筑文化和高超的匠艺手法。对于一个历史悠久的古老民族甚至全世界而言，这都是非常伟大而且意义非凡。

我研究中国古建筑的造型样式、结构方式、大木结构操作做法技巧及古建筑工程设计、古建筑施工技术管理等已达40年之久，尤其是在大木结构方面，感觉很有收获。

从古建筑单体结构到古建群落布置，从小不点的亭、廊，到极具规模的殿堂楼阁，都有较为深入的体会和经验。

几十年来，我走遍了大半个中国，并留下了不少广受好评的古建筑作品，为自己所做的工作感到骄傲与欣慰，也期望未来能做得更好！

当然所有这些工作经历与学习成果，得益于国家的改革开放政策，得益于多年来为我提供学习与锻炼平台的各个机构单位与各位恩师领导、同事们。华美古建艺术公司、常家庄园建设指挥部、榆次老城建指挥部、山西丹宇古建公司、山西省古建集团公司、晋中市民间艺术家协会、大同古城修复建设指挥部、山西华宇集团公司、中都书院等单位的领导，如张智启、张俊文、赵华山、翟康志、韩拴虎、王国华、李江华、李洪涛、温芝荣、杜吉娃、杜东成、杜柱娃等，均让我十分怀念、十分感恩，更是思念和感激在“文化大革命”时期收我为徒的民间古建筑老艺人郭润宽，他对我长达四年多的耐心指教和鼓励让我终生难忘。

还有在一起学习锻炼过程中的各位师兄弟们！

感谢晋中市人事局对我的认可鼓励和支持！

感谢多年来对我做过培训指导的各位专家老师，像张富贵、王效青、刘大可、李永革、李林娃、相炳哲、汤崇平、齐永生、万彩林，还有任晋云、马晓东及刘彤岩、乔福寿、姚李林、姚成、张浩南、郝昌顺等各位老师。

感谢多年来在工作中合作过、技术上交流过的各位同行好友。

感谢所有经历相处过的各位领导、各位老师、各位同事和各位好友对我的支持与帮助。

感恩父母当年把我送入工匠行业，感谢我的家人与兄弟姐妹们多年来对我的理解和支持！我将用日后的实际行动与全部精力致力于中国古建筑匠艺技术的学习与研究工作，设计创作社会需要的更多更好的殿堂、楼阁、宅院、寺庙及园林景观装点建筑物，挖掘传统匠艺技术、匠德文化，编辑、传承更多古建筑营造匠人的技艺技能资料。

杜迁贵